2023.6.18 B

2023.6.15 B

2023.4.20 D

우리 집 밥상 혁명

※ 일러두기

언젠가부터 좋은 글이나 새로 알게 된 유용한 정보들을 잊지 않으려 메모를 해놓곤 했었다.
책을 준비하며 혹시 독자들에게 도움이 될 수 있다면 공유하고 싶다는 생각에 메모한 내용을 인용하였다.
오래전부터 메모한 자료라 출처를 찾지 못해 <전문가들의 의견 또는 연구결과>라고 명시하거나 인용부호(' ', " ")
로 인용했음을 밝힌다.

1

우리 집 밥상 혁명

Musings on Food and Life
by a Jet-Setting 80-Year Old Grandmother

이유경 지음

다차원
북스

갑자기 나타난 COVID-19의 등장으로 나이 든 부모를 걱정하는 자식들이 자신들의 마음을 택배로라도 전하려 하여 노부모 집 앞에는 늘 뭔가가 놓여 있곤 했다.

엄마가 들어가 앉아도 될만한 크기의 택배 상자에서 크지도 않은 화분 하나가 나왔다. 그리고 다음 날 흙 한 봉지와 토마토 씨앗, 설명서, 다음 날 퍼즐(puzzle) 상자. 계속해서 엄마 이름으로 도착하는 상자에는 엄마 일거리들을 일부러 불러 모은 것 같다. 토요일 아침, 가족 ZOOM 시간에 아이들의 이야기를 종합하면 나가지도 못하고 집에만 있을 엄마가 집에서 할 일이 없어 혹시나 우울증이라도 걸릴까 봐 일거리를 찾아 보낸 것들이었다.

엄마 평생에 언제 할 일이 없었던 적이 있었던가?
엄마 말을 뒷받침해 줄 증거를 내보인다는 것이 아이들 아버지의 쟁반밥상을 공개한 것이다.

자신들이 먹고사는 음식을 남들 앞에 내보이는 우스꽝스러운 짓을 하게 된 사연이 이렇게 시작되었다. 격려 차원에서 과장되게 표현하는 아이들의 환호에 아이들 아버지는 끼니때마다 날짜까지 적어넣은 사진을 찍어 아이들에게 보냈다. 덕분에 엄마는 주위 분들에게 엄마가 좋아할 만한 말들은 모두 듣고 지내게 되었다.

연세 드신 분들은 '바깥 분이 전생에 나라를 구하셨나 봅니다'라고들 하고, 아이들의 친구들은 '너희 아빠는 당신이 행운아인 줄이나 아시니?'라는 이야기를 종종 했다는 소리까지 들려온다. 이런저런 기분 좋은 소리를 전하던 딸아이는 엄마가 차린 아빠 밥상은 자기 남편한테는 안 보여준다며 웃는다.

가능하면 외출은 자제해야 할 상황이지만 정기적으로 예약된 건강검진은 지켜야 했고, 병원에서 좋은 소식을 듣고 오는 일은 거의 없다. 생소하기만 한 노년이란 시기에 신경 써야 할 음식, 약, 운동, 거기에 생각지도 못했던 질병의 '경계치'라는 단어는 모든 면에서 조심하라는 소리인 줄 알기에 더욱더 매일 밥상 차리는 것이 예삿일이 아니게 되었다.

제철 채소와 과일은 많이 먹으면 좋은 줄만 알았는데 과일의 당(糖)도 위험해 당도가 높은 과일을 피해야 하고, 하루 적정 섭취량까지 신경을 써야 하는가 하면, 과일주스나 과일즙은 섬유소가 파괴되어 혈당이 빠르게 상승하니 생과일을 씹어서 먹으라는 것 등 공부를 해야 할 것들이 계속해 생긴다.

항상 신경을 쓰는 것은 작은 쟁반 밥상 안에 하루치 영양가를 계산해 부족함이 없도록 하는 것이다.

아이들은 이런 것도 엄마에게 힘든 일거리가 또 하나 늘어난 것으로 여기겠지만 사실은 엄마가 몰랐던 것을 알아가면서 스스로 흐뭇해 지인들과 함께 공유하고 실천 하며 즐기는 일이 되어가고 있다.

《논어(論語)》의 첫 문장,

"학이시습지 불역열호(學而時習之 不亦說乎)."

'배우고 때맞춰 그것을 익힌다면 또한 기쁘지 아니한가.'

학창 시절 내내 공부를 통해 기쁨을 느낀 적이 있었던가?

가끔 뿌듯함은 느꼈어도 일종의 성취감이었지 공부를 즐겁고 기쁜 마음으로 한 적이 없었기에 배우고 익히는 공부가 어떤 공부이길래, 어떻게 공부하면 그런 마음을 가질 수 있을까 궁금했다.

공자가 제자들에게 강조한 공부는 먹고 자고 말하는 일상 속에서 벌어지는 일로, 일상을 떠나지 않는 과정으로서의 공부이지 지식을 쌓아 남에게 내세우기 위한 공부가 아니었다.

공자의 공부는 행위 그 자체가 중요한 선(善)의 공부로서 나를 발견하고 키우는 공부이기에 배우고 익히는 것이 기쁨이 되는 것이다.

이제야 어림풋이 무슨 말씀인지 알게 된 듯하다.

생활 속에서 자신의 필요에 의해 스스로 여기저기 자료를 찾아보고 지인들과 의견을 나누는 과정이 공부였다는 것을 알았고, 몰랐던 것을 알게 되어 실생활에 적용했을 때의 흐뭇함 등이 이미 2,500년 전 《논어》 속에 들어 있었던 것이다.

남의 도움도 받지 못하는 상황에서, 전문적인 지식도 없이 평생 습관화된 밥상에 혁명을 일으키는 모험을 시도하면서 귀를 기울인 것은 음식과 관련된 정보였다.

전문가들이 오랜 기간 연구한 결과를 발표한 내용이나 의견들을 책이나 인터넷을 포함한 대중매체를 통해 정리를 해가며 도움을 받았다. 간혹 우리가 모두 알고 있는 일인데 무심히 지나치고 지내는 경우가 있다. 조금만 신경을 쓰면 건강에 도움을 받을 수 있음을 전문가들을 통해 알게 되면 지인들에게 알리고 싶은 마음이 들곤 한다(예를 들어 '저작 활동'의 중요성).

각자 필요에 의해 관심이 있으신 분들이 서로 알고 있는 정보를 공유하고 다시 확인하여 틀린 정보나 미비한 부분은 수정 보완해 우리 식생활과 생활습관을 바로잡는 데 적용한다면 우리의 건강을 위해 많은 도움이 될 것이다.

COVID-19로 인해 힘들었던 시기였기에, 가정에서 모든 것을 해결하며 적응하느라 노력하는 과정에서 공자님의 귀한 가르침을 이해할 수 있는 기회가 주어졌던 것에 감사하는 마음이다.

차례

건강한 밥상(균형 잡힌 식단)은 단순히 식사가 아니라 건강을 관리하고 질병을 예방할 수 있는 건강한 삶을 위한 첫걸음이다.

오랫동안 유지해 온 우리의 밥 중심의 식단은 탄수화물 위주의 영양 섭취로 이어져 비타민, 무기질 등 다른 영양소가 부족해지기 쉽고, 불균형한 식단은 당뇨병, 고혈압, 심혈관 질환 등 만성질환 발생 위험을 높여 건강에 대한 우려를 낳게 한다.

과도한 탄수화물 섭취는 비만으로 이어질 수 있으며 섬유질이 부족한 식단은 소화불량을 유발하고 장 건강을 해칠 수 있어 건강을 위한 식단 변화가 필요하다. 비타민, 무기질, 식이섬유가 풍부한 채소와 과일을 충분히 섭취하고, 콩, 생선, 살코기 등 단백질 식품을 균형 있게 섭취해야 한다.

백미를 잡곡, 현미 등 다양한 곡물로 바꾸고 조리법도 튀기거나 기름에 볶는 조리법보다는 삶거나 찌는 건강한 조리법을 활용하는 등 건강한 삶을 위한 노력의 일환으로 식단 변화를 시도하게 되었다.

이 책에 수록한 식단은 건강한 식생활을 위한 일반적인 가이드라인으로, 개인의 건강 상태에 따라 조절해야 한다. 특히 당뇨병, 고혈압, 고지혈증, 비만, 간 질환, 신장 질환 등 만성질환이 있는 분들은 반드시 전문가(의사나 영양사)와 상담하여 개인에게 맞는 식단을 준비해야 한다.

- 과일은 하루 한두 접시(한 접시는 50칼로리)가 적절한 섭취량이다. 한 접시의 양은 사과는 세 조각, 배는 두 조각, 귤은 중간 크기 하나 반, 바나나는 중간 크기로 3분의 2개에 해당하는 양이다.
체구가 작거나 나이 드신 분은 하루 한 접시, 체구가 크거나 젊은 분은 하루 두 접시이다.

체중이 늘거나 배가 나올 걱정이 없는 분, 혈당이 정상인 분, 중성지방과 요산 수치가 정상인 분은 과일을 양껏 먹어도 괜찮지만, 그 외의 분에게는 과일은 간에 기별도 가지 않을 정도가 적절한 양이다."
(식습관 상담소, 박현아 교수)

전형적 한국인 밥상 혁명

2023.6.13 B

2021.2.28 B

아침 식단

점심 식단

저녁 식단

신외무물(身外無物)

'이 세상에서 내 자신의 몸보다 더 소중한 것은 아무것도 없다.'

노자(老子), 《도덕경(道德經)》 44장
'만족할 줄 알아야 욕을 당하지 않는다'는 가르침 중

名與身孰親(명여신숙친) : 명예와 몸 중 어느 것이 더 소중한가?
身與貨孰多(신여화숙다) : 몸과 재화 가운데 무엇이 중요한가?

명예와 재화를 자기 생명과 바꿀 수 있는가?
높은 명성과 많은 재물을 얻어도 몸이 망가지면 다 소용없는 것이어서, 신체가 건강한 것이 가장 소중하다는 뜻을 새겨본다.

이 세상에서 가장 소중한, 하나밖에 없는 우리 자신의 몸. 소중한 자신의 몸을 건강하게 유지하기 위해 우리가 해야 할 일들. 알고 보니 우리 모두 어릴 때부터 어른들께 듣고 자랐기에 잘 아는 일들이다.

• '편식하지 마라.'

음식 가리지 말고 골고루 먹어라.

기회 있을 때마다 부모님과 선생님들께서 하셨던 말씀들이다.

• '먹고 바로 누우면 소 된다.'

옛날 어려운 시절에는 게으름 부리지 말고 열심히 일하라는 뜻이었다고 하는데, 요즘에는 식사 뒤 바로 누우면 소화불량, 역류성식도염 등 위장질환에 원인이 되므로 식사 뒤에 적당한 시간을 두고 가벼운 운동을 하여 소화를 돕도록 해야 한다고 매스컴(Mass Communication)마다 운동을 권장한다.

• '웃으면 복이 온다.'

'복'의 기준이 무병장수를 의미한다면 스트레스 해소가 건강을 유지해 장수할 수 있다는 뜻으로 이해된다.

요약하면 우리의 몸은 신체활동에 필요한 에너지원이 되는 음식물의 바른 섭취(균형된 음식 섭취)와 규칙적인 생활과 운동(적절한 운동), 스트레스 해소(숙면)를 통한 심리적 안정이 갖춰졌을 때 건강을 지킬 수 있다.

우리가 매일 정상적으로 일상생활을 하려면 우리 몸에 필요한 영양소를 균형 잡힌 식사를 통해 섭취해야 한다.

매번 시장(마트)에서 구입해 부엌에 들여놓은 음식물들을 볼 때마다 생각나는 '에이브러햄 링컨(Abraham Lincoln)'!

'나에게 나무를 자를 6시간을 준다면, 나는 먼저 4시간을 도끼를 날카롭게 하는 데 쓰겠다'는 말이 무겁게 다가온다.

요즘은 음식 만드는 것보다 음식물 세척에 더 신경을 쓰고 시간을 많이 들이게 되어 음식 준비 전에 해야 할 일들을 먼저 걱정하게 된다.

"국산 농산물은 농약 잔류량이 허용 기준치를 넘지 않도록 농약안전사용기준을 지켜 재배되기 때문에 잔류허용기준을 초과할 우려는 없다. 하지만 먼지 등 이물질이나 유통과정에서 생길 수 있는 오염물질 등을 제거하기 위해서 깨끗이 씻는 것이 좋다."

"농약 허용 기준 강화제도(PLS, Positive List System)에 따라 농산물별로 등록된 농약 이외는 안정성이 입증되지 않은 농약 사용과 유입을 차단하고 있다."

자료 : 식품의약품안전처

"2019년부터 농약 허용기준 강화제도를 적용하고 있어, 잔류농약이 기준치를 초과할 경우 농가에서 생산한 농산물 전량 폐기로 큰 피해를 입을 수 있어 많은 양의 농약을 쓰지 않는 것이 농가의 현실"이라는 것이다.

대부분의 잔류농약은 씻거나 조리하는 과정에서 분해돼 쉽게 제거된다고 전하는 식약처가 "식품을 통해 잔류농약이 우리 몸에 축적되는 일은 거의 없다"고 하는 이유는 동물실험을 통해 사람의 신체에 축적되지 않는 것으로 평가된 농약만이 농작물 재배에 사용될 수 있기 때문이라는 설명이다.

세척하는 바람직한 방법은 "받은 물에 채소를 5분 정도 담갔다가 손으로 흔들면서 흐르는 물에 3회 정도 씻는 것"이라고 하는데, 물속에서 물과 마찰하는 시간이 길어지기 때문에 농약이 물에 녹아 나오는 효과가 높을 것이라는 뜻으로 해석된다.

"어느 정도 효과가 있는 것은 사실이겠지만 농약의 종류, 채소의 종류, 농약 부착 정도 등 다양한 변수에 따라 세척 효과는 달라질 수 있을 것이다. 농약은 종류에 따라 물에 잘 녹는 것과 잘 녹지 않는 것이 있어 잘 녹지 않는 농약은 물에 오래 담가 놓더라도 완전히 제거되지 않을 수 있고, 채소의 종류에 따라 잎채소처럼 표면이 울퉁불퉁하거나 잔털이 많은 채소는 농약이 숨어 있을 공간이 많아 세척이 더 어려울 것이며, 농약 살포량이나 재배 환경에 따라 채소에 부착된 농약의 양이 다르므로 세척 횟수나 시간을 일률적으로 정하는 것도 무리가 있다"는 의견이 있는가 하면

"농산물의 잔류농약에 대해서 너무 과잉 반응을 보일 필요는 없다"는 의견들도 있다.

잔류농약이 우리의 건강을 위협할 수 있는 요소를 가지고 있고, 아무리 깨끗하게 세척한다 하더라도 완전히 제거할 수는 없는 것이어서 다양한 방법을 병행하여 잔류농약을 최소화하는 길을 찾아야 할 것 같다.

20

농산물을 좀 더 안전하게 섭취할 수 있도록 우리가 할 수 있는 가능한 세척 방법으로는 물에 일정 시간 담가 두었다가 흐르는 물에 여러 번(예를 들면 잎채소의 경우 잎사귀를 한 장씩 떼어 꼼꼼하게 씻어 주고) 씻는 것 외에도 식초, 베이킹소다, 소금 등을 이용해 세척하고, 농약은 주로 표면에 잔류가 남기 때문에 껍질을 제거하여 섭취한다거나 세척 후 뜨거운 물에 살짝 데쳐 일부 농약이 분해될 수 있도록 하는 방법을 사용할 수 있다.

또한 농산물 선택 시 농약을 사용하지 않아 비교적 안전하게 섭취할 수 있는 유기농 농산물을 구매하는 것도 고려해 볼 수 있다.

요즘에는 일반적인 세척 방법보다 잔류농약 제거율이 높은 초음파 음식물 세척기를 사용하는 경우가 많은데, 초음파 세척기만으로 모든 잔류농약을 완벽하게 제거할 수는 없어 다른 세척 방법(식초, 베이킹소다, 소금)과 병행하는 것을 권하고 있다.

우리나라의 식량난은 고대로부터 일제 강점기를 거쳐 1950년 6·25전쟁(한국전쟁) 이후에도 파괴된 농업과 부족한 식량 생산으로 잡곡밥을 먹기도 힘들었던 시절이 계속 이어졌다. 경제성장 덕분에 (1970년 후반) 흰쌀밥을 먹게 된 뒤, 건강에 대한 관심이 증가하면서 잡곡밥(비정제 탄수화물)이 주목을 받기 시작했다. 이제는 흰쌀밥을 수북히 퍼서 고봉밥을 먹던 밥의 양도 대폭 줄여 반찬 양과 비슷할 정도로 먹는다. 또한 쌀이 없었을 때 식사로 대신 했던 감자, 고구마(비정제 탄수화물)가 추천 음식으로 권장된다(탄수화물).

하루 세끼

매끼마다 영양소를 골고루 포함한 식사를 염두에 두고 음식을 준비한다.

- 탄수화물(비정제 탄수화물) : 잡곡, 통곡식, 콩, 귀리, 메밀, 보리
- 단백질
  - 동물성 단백질 : 닭가슴살, 흰살생선, 계란, 유제품(무가당 그릭요거트, 천연치즈), 기름기 없는 돼지고기·소고기.
  - 식물성 단백질 : 콩류(두부, 병아리콩, 두유, 낫토), 버섯, 시금치, 견과류(아몬드).
- 지방
  - 불포화 지방산 : 식물성 기름(올리브유, 아보카도유, 들기름, 참기름), 견과류, 씨앗류, 푸른 채소(시금치, 케일, 양배추).
  - 동물성 오메가3 지방산 : 연어, 참치, 정어리, 고등어, 청어 등 등푸른 생선.
- Vitamin : 여러 가지 색깔의 채소, 과일.
- 무기질(나트륨, 칼륨, 칼슘, 인, 철, 아연) : 우유, 육류, 해조류, 채소, 과일, 달걀, 멸치, 치즈, 생선, 간.
- 물 : 미온수, 레몬차, 파인애플 차.

예부터 고기는 부자나 먹을 수 있었던 귀한 음식이어서 지금도 날을 정해 식구들이 배부르게 먹도록 하는 방법을 택하는 집이 많다. 고기는 우리 몸에 필요한 양만큼만 먹어야 적절하게 필요한 곳에 매일 사용할 수 있다. 몸무게 60kg인 사람은 하루 60g 정도 먹는 것이 적정량이어서 더 많이 먹으면 살만 찌든지 병을 유발하게 한다. 콩류, 채소 등의 식물성단백질과 동물성단백질을 2:1 비율로 하루 취해야 할 분량의 단백질

을 세끼에 나누어 섭취하되, 고기는 물 없이 직화로 굽거나 튀기고 볶는 요리 방법을 피하고 수육·편육, 샤브샤브 등 기름기를 빼고 먹도록 하라고 전문가들은 권한다(단백질).

지방은 식물성 기름, 견과류, 등푸른생선 등 좋은 지방을 섭취해야 하며 들기름, 참기름, 엑스트라 버진 올리브오일(불포화지방산) 등은 발연점이 낮아 나물무침이나 샐러드드레싱으로만 사용하도록 한다(지방).

만성질환 위험을 줄여 주는 채소와 과일은 수명 연장 효과를 낼 수 있음이 미국 하버드대학교 연구진에 의해 밝혀졌다고 한다. 장수(長壽)를 부르는 최적의 섭취량(황금비율)은 하루에 채소는 끼니때마다 2가지 이상, 과일은 하루 2번, 1~2개를 권한다(비타민, 미네랄).

6대 영양소로까지 언급될 정도로 물의 중요성이 알려지면서 체온과 비슷한 온도의 물을 하루 8잔을 기준, 자신의 몸 상태에 따라 섭취할 것을 권장한다(물).

소중한 우리의 몸을 건강하게 유지하기 위해서는 매일 일상생활을 정상적으로 할 수 있도록 매끼 균형 잡힌 음식 섭취가 필요하기에 찾아본 자료들이다.

기존에 먹어 왔던 음식을 좀 더 건강에 도움이 되는 음식으로 바꾸는 것이 중요하지만, 그보다 더 중요한 것은 나쁜 음식과 나쁜 생활 습관(불규칙한 식습관, 과도한 음주, 흡연, 탄수화물 중독)을 과감히 버리는 큰 결단을 내리는 일이다.

[우리 몸에 꼭 필요한 5대 영양소]

❖ 탄수화물 : 우리 생명을 유지하는 데 필수 영양소.

혈당 조절을 이유로 탄수화물을 극단적으로 줄이면 안 되는 이유는 신체의 주요 에너지원으로 적게 섭취하면 체력이 저하되기 때문이다. 탄수화물은 각종 곡류, 과일에도 포함되어 있으며 식이섬유, 미네랄, 비타민을 제공한다.

곡류는 정제 탄수화물(흰쌀, 밀가루) 대신 비정제 탄수화물(잡곡, 통곡식, 콩, 귀리, 메밀, 보리)을 섭취하는 것이 바람직하다.

건강한 탄수화물을 함유한 식품으로 현미, 렌틸콩, 고구마, 귀리, 퀴노아 등이 있다.

❖ 단백질 : 우리 몸의 장기와 근육을 구성하고, 면역력을 높이는 데 꼭 필요한 필수 영양소.

하루 섭취 단백질은 몸무게 1Kg 당 0.8~1g(몸무게 70kg인 사람은 하루에 70g가량)이 필요하며, 한 끼의 식사에 1~2개의 단백질 군 음식을 반드시 포함시켜야 한다.

인체가 근육 성장을 위해 한 번에 사용할 수 있는 단백질 양에 한계가 있기 때문에 한끼 당 필요한 단백질 양(量)을 꾸준히 섭취해야 단백질이 근육 성장과 생성에 효율적으로 사용할 수 있다(패튼존스 박사).

매끼 20~30g씩 분산해 섭취하는 것이 최선의 단백질 섭취법이다. 즉 단백질은 한 번에 폭식하는 것보다 매일 매끼 균등하게 섭취해야 한다. 단백질을 과다 섭취할 경우, 모두 지방으로 저장되어 체중 증가와 그로 인한 심혈관계 질환을 유발할 수 있다.

❖ 지방 : 지방은 탄수화물, 단백질과 함께 우리 몸에 꼭 필요한 영양소.

혈관 건강, 심장병 예방, 뇌기능 향상, 노인성 치매 예방에 도움이 된다.
지방에는 먹으면 독이 되는 지방과 득이 되는 지방이 있다.

- 나쁜 지방
  - 포화지방산 : 유제품(우유, 치즈)과 육류제품(소고기, 돼지고기),
    트랜스 지방(튀김, 가공식품, 마가린).
- 좋은 지방
  - 불포화지방산 : 식물성 기름, 견과류, 씨앗류와 푸른색 채소.
  - 동물성 오메가-3 지방산 : 연어, 참치, 정어리, 고등어, 청어, 등푸른생선.

❖ 비타민, 미네랄 : 채소와 과일에 풍부하다. 탄수화물, 단백질과 같은 영양소들이 몸에 잘 흡수되도록 돕고, 식이섬유는 장내 노폐물을 배출하는 청소부 역할을 하며, 혈당 조절에 도움을 준다. 특히 채소나 과일 스스로를 보호하기 위해 생성한 '파이토케미컬'이라는 물질이 우리 몸에 들어오면 강력한 항산화·항암작용을 해서 심혈관질환과 암을 포함한 만성질환 위험을 줄인다.
다양한 색색의 채소·과일을 섭취하되, 통조림 과일과 말린 과일, 과일 주스는 건강에 도움이 안 된다는 것은 참고해야 할 것이다.

참고 2)

미국 비영리단체 환경 실무그룹(Environmental Working Group)에서는 소비자들이 농산물을 선택할 때 농약 잔류량을 고려하여 안전한 식생활을 할 수 있도록 돕는 자료를 수집, 분석하여 소비자들에게 알리고 있다.
매년 북미 지역에서 재배되어 소비자들이 자주 섭취하는 48개 대표농산물의 잔류 농약 정도를 비교해서 발표한 자료에 따르면,
'Dirty Dozen(가장 많이 농약에 오염된 12개 농산물)'은 딸기, 시금치, 케일, 천도복숭아, 사과, 포도, 체리, 황도 복숭아, 배, 피망·고추류, 샐러리, 토마토이며 특히 딸기가 잔류농약이 가장 많이 검출 된다고 한다.

'Clean Fifteen(적게 오염된 15개 농산물)'에는 아보카도, 옥수수, 파인애플, 양파, 파파야, 완두콩, 가지, 아스파라거스, 브로콜리, 양배추, 키위, 컬리플라워, 버섯, 허니듀 멜론, 캔털루프 멜론이 들어 있다. 잔류농약이 적은 양파, 브로콜리, 컬리플라워, 아보카도 같은 채소와 과일은 굳이 유기농으로 구매하지 않아도 됨을 알려주고 있다.

EWG에서는 정부기관의 자료와 자체 연구(비영리단체)를 통해 식품의 유해성분 함량을 분석하고 이를 바탕으로 소비자들에게 안전한 식품 선택 가이드를 제공.

소비자들이 식품 라벨을 읽고 유해 성분을 확인하는 방법, 안전한 식재료를 선택하는 방법 등 다양한 정보를 제공하여 소비자들의 식품안전 의식을 높이는 데 기여하고 있다.

Eat the rainbow

여행 떠나기 전.

며칠 전부터 방 안, 냉장고 청소를 하기 시작한다. 그리고 집 나서는 날 아침은 밥솥에 남은 밥과 반찬을 먹어야 하는 일과 쓰레기를 치우는 순으로 집 정리를 마친다.

이삼일 전부터 쌀 양(量)을 신경 써서 밥을 하는 데도 밥이 남아 전날 미리 냉동고에 넣곤 했었다. '차게 했다 식혀 먹으면 저항성 전분 함량이 늘어 혈당 관리에 오히려 효과적이라고 한다'고 잘 이해도 안 되는 남들이 하는 소리를 옮기곤 하다가 이제부터는 깨끗하게 먹고 치워놓고 떠나자는 생각으로 아침상을 차렸다. 새로 바뀐 식단대로 몇 달째 식사를 하시던 분이 여행 중에 아침 식사 이야기를 꺼내신다. 오랜만에 밥이 나온 아침 식사였기에 '속이 더부룩하다'는 소리에 걱정스런 마음이 들다가 한편으론 안도의 숨을 쉬었다. 얼마 전까지 밥이 밥상에 있어야 한 끼 식사로 생각하셨던 분이 바뀐 아침 식단이 영양가뿐 아니라 소화 흡수에도 도움이 된다는 말씀을 스스로 하신 것이다.

그리 먹는 식사가 끼니가 되느냐는 듯한 묘한 여운을 남기는 분들을 가끔 만나면 우리나라 정서로 충분히 이해는 되지만, 또 한편으로는 그 래서 더 신경이 쓰이는 건 어쩔 수 없었기에 말씀 한마디가 큰 힘이 되는 것이다.

처음 식단을 바꿀 때,
질병을 예방하고 건강을 유지하려면 인류가 7백만 년(《채소·과일식》, 조승우) 동안 먹고 살아왔던 자연에서 온 그대로의 음식, 과일·채소식 이외에는 없다는 것을 믿고 '아침 식사, 한 끼는 과일·채소로 완벽하다(류은경 완전해독연구소)'는 것을 자세히 꼼꼼히 익혔다.

"과일과 채소에는 탄수화물, 단백질, 지방과 비타민, 미네랄, 식이섬유, 그리고 7대 영양소라고도 하는 파이토케미컬(Phytochemical)을 함유하고 있다.
파이토케미컬은 식물이 자기 생존을 위해 자외선, 해충, 미생물로부터 스스로를 방어하기 위해 만들어 내는 물질로 우리 몸에 들어오면 항산화 작용 증가, 면역기능 강화, 해독작용 증가, 호르몬 조절 및 노화 지연, 세포의 산화 손상 감소 등 다방면에 도움을 준다.
우리가 섭취하는 과일과 채소들이 각각 가지고 있는 고유의 색들은 그 각각의 색에 따라 우리 몸을 건강하게 하는 기능을 가지고 있다.

'5 Day' 캠페인은 하루에 다섯 가지 색깔(빨강색, 노랑·주황색, 초록색, 보라색, 하얀색)의 채소와 과일을 섭취하여 건강을 지키고 질병을 예방하자는 목적으로 미국 국립암연구소의 지원을 받아 1988년 미국 캘리포니아주에서 시작되었다. 다양한 색깔의 채소와 과일에 함유된 항산화 물질이 암 발생 위험을 낮추는 데 도움을 준다는 연구 결과에 기반하여 암 예방을 위한 중요한 식습관으로 제시된 것이다.

고혈압, 심혈관 질환, 당뇨병 등 만성질환의 위험을 줄이는 데 도움이 되는 영양소를 충분히 섭취하도록 장려한 것으로 단순히 채소와 과일 섭취를 권장하는 것을 넘어, 건강한 식습관 형성의 중요성을 알리고 실천하도록 유도한 것이다.

건강을 위해 채소와 과일 500g으로 아침 식사를 습관화할 것을 권하는 전문가는 예전에 어른들이 말씀하셨던 '아침밥은 꼭 먹어야 한다'는 말에 '밥 한 공기에 해당하는 포도당·과당·자당 60g'과 단백질 40~60g이 채소·과일 500g 안에 포함되어 있음을 설명한다.

세계보건기구(WHO)의 과일·채소 하루 권장량이 400~500g이다.

국립 노르웨이 지역보건청과 노르웨이 과학기술대학교 연구진들은 "하루 과일·채소 섭취량을 800g까지 늘릴 경우 각종 만성질환과 조기 사망의 위험을 낮출 수 있다"고 까지 한다.

우리 집 아침 식단은 이진복 원장(나우리 가정의학과)의 말씀(설명)이 많은 도움이 되었다.

아침 식사는 저작 활동(咀嚼活動, 음식을 씹는 활동)이 뇌에 충분한 혈액을 공급해 뇌가 활성화되도록 돕는 역할을 하기 때문에 유동식이 아닌 고형식으로 꼭꼭 씹어서 턱 근육을 움직여 먹는 것을 주로 택한다.

과일·채소를 중심으로 단백질, 지방, 탄수화물을 골고루 취할 수 있도록 염두에 두고, 과일은 갈거나 착즙, 말린 과일은 피하고, 비만이나 대사증후군이 염려되는 사람은 단맛이 강한 과일을 피하도록 해야 한다는 설명도 명심한다.

아침에는 조리 과정이 복잡한 음식보다 자연 그대로의 음식을 주로 준비한다.

애기가 모유(우유)를 먹다가 이유식을 거쳐 어른과 같은 식사를 하듯, 과일·채소식을 목표로 기존의 아침 밥상을 조금씩 변화시키기 시작한 우리 집 아침 식사는 몇 년을 거쳐 이제 자리를 잡았다.

여러 종류의 채소는 샐러드(Salad)처럼 만들어 가능하면 아보가드(닭 가슴살·새우)를 넣고, 드레싱 대신 올리브오일과 견과류, 김형석 교수님의 아침 식단과 25년째 똑같은 아침 식사를 하신다는 윤방부 박사의 아침 식단에 등장하는 삶은 달걀은 채소와 함께 놓는다.

과일 그릇엔 제철 과일이나 구할 수 있는 과일을 아침부터 하루 종일 언제나 찾을 수 있게 준비해 놓고, 채소와 과일 옆자리엔 번갈아 가며 집에서 갈아 만든 '사과·당근·비트 주스', '양배추·사과·당근 주스', '레몬 주스', '그릭 요거트·호박씨·블루베리', '낫토·김', '두부·김·김치 무침·들기름·깨소금', '오트밀·블루베리·견과류', '찐 감자·치즈', '단호박·브로콜리'

등 동서양을 오가는 메뉴가 등장한다. 주스 대신 양배추로 만든 물김치
한 국자는 가능하면 상에 올리려고 하고 있다. 매일 조금씩 채소도 바
뀌고 옆 접시 속의 음식도 바뀌지만, 양배추 물김치는 동치미로 바뀌는

정도다.

탄수화물이 우리 몸에 에너지를 공급하는 (생명을 유지하는) 필수 영양소라고 하는 것을 알면서도 탄수화물 중독 등의 심각성이 일반에게 알려져 은연중에 피해야 할 것으로 각인이 되어 이제는 오히려 신경을 써야 할 영양소(음식)가 된 것 같다.

귀리(오트밀)는 비정제 탄수화물로 귀리 자체가 단백질 함유량이 25%나 함유되어 있어 동물성 단백질을 대체할 수도 있는 식품이라고 해서 여러 방법으로 섭취하려고 노력하고 있으며, 가끔은 통곡 식빵으로 프렌치 토스트 등을 만들기도 한다.

고탄수화물 채소로 전분 성분이 많이 들어간 곡류이기도 한 고구마는 굽지 않고 삶거나 찌는 방법을 택하고, 밥, 감자와 같이 어느 정도 식은 상태에서 먹는 것이 혈당을 느리게 덜 올린다고 해서 염두에 두고 식사 준비를 한다.

무지개 식사법을 통해 한두 가지 색깔 음식보다 다양한 영양소를 섭취할 수 있도록 색색의 채소·과일을 고루 먹는 것이 바람직하다는 늦게 알게 된 정보를 지인들과 공유한지 얼마 안 되어서 우연히 이계호 교수님(충남대 교수)의 유튜브 강의를 듣게 되었다. 부부싸움을 하고 난 뒤엔 아무리 미워도 다양한 색상의 과일과 야채(Colored Food)를 먹도록 하라는 것이다. 심하게 다투었으면 더 많이 먹도록 해야 한다는 우스갯소리로 설명하시는 뜻은 스트레스를 받았을 때 생기는 활성산소를 Colored Food들이 중화시켜 각종 만성질환, 성인병(심근경색, 중풍, 당뇨)으로부터 우리 몸을 보호해 주는 역할을 한다는 것이다.

즉, 일상생활에서 스트레스를 받을 때 생기는 활성산소(산성)는 각종 만성질환을 유발하여 우리 몸을 파괴시키는데 그때 항산화물질(알카리성)을 함유한 색깔 있는 다양한 채소와 과일은 활성산소를 중화시켜 우리 몸을 지켜준다.("You eat fruits and vegetables from each color and get a variety of important vitamins and nutrients that can prevent disease.")

"활성산소는 우리가 음식물을 섭취하거나 움직이면 자연스럽게 생기게 되는 정상적인 대사과정에서 생성되는 화학물질이다. (불을 피우면 연기가 나듯이 몸 안에서도 에너지를 만들 때 이런 활성산소라는 것이 생긴다고 한다.)

적당한 수준의 활성산소는 우리 몸의 세포를 튼튼하게 하고 병균을 물리치는 데 도움을 주는데(불로 요리를 해주고 따뜻하게 해주듯이),

활성산소가 너무 많아지면 우리 몸의 세포를 손상시키고 여러 가지 질병을 일으킨다. (활성산소가 많이 생기면 우리 몸의 건강한 세포를 서서히 망가트려 암, 동맥경화, 당뇨병, 뇌졸중, 심근경색, 간염, 신장염, 파킨슨병 등의 질병을 일으킬 수 있다.)"

우리 몸은 스스로 산화 스트레스(활성산소가 우리 몸의 세포를 공격하여 손상시키는 것)로부터 보호하는 능력을 가지고 있지만 과식, 과음, 과로, 지나친 운동, 흡연, 스트레스 등 좋지 않은 생활 습관들과 담배 연기·미세먼지·가스레인지의 유해가스, 식품첨가물, 자외선, 방사선 등과 같은 환경적 요인들에 의해서 활성산소가 과다 생성되어 항산화 시스템이 약해

지게 되는 것이다.

그러므로 활성산소의 생성과 제거 사이에 균형을 유지하는 것이 중요하다. 지나치게 먹고 마시고, 힘든 일, 과도한 운동을 해서 평소보다 많은 활성산소가 발생하지 않도록 해야 한다. 과도한 운동이 다량의 활성산소를 발생시킨다고 알려지면서 전문가들도 올바른 운동법으로 '주 3회, 강도 높은 운동보다 30~50분 정도의 가벼운 운동을 권장한다. 또한 수분을 충분히 섭취하고 운동 전후 과일과 야채, 항산화제를 섭취해야 유해산소를 제거할 수 있다고 전한다.

건강한 생활습관을 통해 특히 활성산소를 없애주는 항산화 음식인 과일과 야채를 즐겨 먹고, 가공식품과 조리 과정이 긴 음식 섭취를 줄이고 자연 그대로의 음식을 즐기도록 하는 것과 환경적 요인을 피해 숲과 바다, 산과 들, 녹색이 있는 곳을 찾는다든가 불쾌한 감정이 만드는 스트레스 호르몬의 양을 줄이고 세로토닌과 같은 몸에 유익한 호르몬 양을 증가시키도록 웃는 시간이 늘어나도록 생활 태도를 변화시켜야 할 것 같다. 일상생활에서 우리 몸의 항산화 시스템을 강화하는 길을 찾아 건강하게 살아가도록 노력해야 할 것이다.

사람의 신체 나이를 낮추는 안티에이징(Antiaging)은 5대 영양소와 특히 과일, 채소, 견과류 등 항산화 물질이 풍부한 식품을 충분히 섭취할 수 있도록 균형 잡힌 식단을 지향하고, 면역력을 강화하여 항산화 시스템을 활성화할 수 있도록 적절한 운동과 충분히 수면하고, 활성산소 생성을 증가시키는 스트레스를 철저히 관리하는 것이다.

참고 1)

[활성산소 제거 음식]

(채소와 과일의 각각의 색에 들어 있는 대표적인 파이토케미컬이 함유된 식품)

• 빨강의 대표적인 성분은 라이코펜

현존하는 생화학물질 중 활성산소 제거 효과가 가장 강력한 성분으로 노화방지, 심혈관 질환 개선, 혈당 저하 등에 효능을 보인다. 빨간색을 띠는 토마토, 사과, 딸기, 수박에는 라이코펜 성분이 풍부하다.

• 주황·노랑의 대표적인 성분은 베타카로틴

우리 몸속에서 비타민A로 전환되어 눈을 건강하게 하고 면역력 향상에 도움을 준다. 당근, 귤, 고구마, 호박, 바나나 등에 함유.

• 초록의 대표적인 성분은 클로로필

간세포 재생에 도움을 주어 간 건강에 도움을 준다. 시금치, 브로콜리, 케일, 깻잎 등에 함유.

• 검정과 보라의 대표적인 성분은 안토시아닌

안토시아닌은 검정색뿐 아니라 보라, 빨강, 파랑 등 다양한 색으로 분포되어 있으며 건강효과는 노화 방지이다. 포도, 블루베리, 가지, 아로니아 등에 함유.

• 흰색의 대표적인 성분은 알리신

콜레스테롤과 혈압을 낮추고, 세균이나 바이러스에 대한 저항력을 높여 외부에서 들어온 유해 물질로부터 안전하게 지켜준다. 양파, 마늘, 생강 등에 함유.

참고 2)

탄수화물을 취할 수 있는 과일

토마토, 아보카도, 사과, 살구, 베리류(블루베리, 딸기, 블랙베리), 멜론, 무화과, 복숭아, 자두, 수박, 포도.

저탄수화물 채소로 오이, 양상추, 셀러리, 양송이버섯, 시금치, 브로콜리, 호박, 콜리플라워, 무, 토마토, 양배추, 잎채소.
중탄수화물 채소로는 당근, 양파, 가지, 파프리카, 우엉, 연근.
고탄수화물 채소는 전분 성분이 많은 야채로 곡류이기도 한 콩, 감자, 고구마.

참고 2)

[아침 식단]

38

우리 집 식단

모두 잠든 조용한 시간에 책이나 일에 집중할 수 있는 사람. 요즘엔 철야족, 올빼미형 인간이라고 한다는데 우리는 저녁형 인간이라고 표현했다.

아침형 인간, 저녁형 인간!

결혼생활 초기에는 이런 종류의 복병도 집안 분위기를 흐려놓을 때가 있었다. 시간이 흘러 어느 결에 '유전적이나 생물학적으로 체질이 그렇게 태어난다는 것'을 많은 연구가 증명해 주고 있다고, 누가 뭐라지도 않는데 마치 나쁜 일을 정당화하려는 모양새를 보이며 대변인 노릇을 하게 된지도 오래되었다. 결혼 초에 잠시 흔들림이 있었지만 서로 적응하며 지내왔는데 언젠가부터 다시 신경이 쓰이기 시작한다. 나이 들면서 하루 세끼 식사 시간을 정확하게 지켜야 할 필요를 느끼게 된 뒤부터다.

혼자 속을 끓이다 계획을 세웠다. 하루 세끼, 우리 집에 맞는 식사 시간과 식단을 짜는 것이다. 그쪽 방면에 전문가가 아니니 옳은 방법일지 모르겠지만 거창하게 메타분석(Meta-analysis)이라는 것을 생각해 냈다. 전문지식이 전혀 없으니 식단에 관한 책, 기사, 유튜브(YouTube)나 인터넷(Internet)에서 정보를 얻어 종합해서 공통점만 찾아보자는 것이다. Gene Glass가 기가 막혀 할 것 같지만 마음이 조금은 편해졌다.

식사 시간을 우리 집안 식구에 맞추어 10시경엔 아침, 2~3시경에 간단한 점심, 7시경에 저녁을 잡아 하루 9시간 안에 하루 세끼를 소화하려니 점심은 간단히 잡았다. 원래 아침에도 꼭 밥을 찾으시는 분이어서 밥이 아닌 음식을 잡순 날은 사람들이 많이 모인 회식 자리에서 '하루 두 끼밖에 못 얻어먹고 산다'고 하시는 분이다. 전에는 출장이 있는 날에도 새벽에 밥을 준비했었는데 퇴직하고 나서야 과감하게 동의도 구하지 않고 결단을 내렸다. 이것이 결혼생활에서 회혼례를 바라보고야 혼자서 결정한 두 번째 큰일이다.

아침은 황제처럼, 점심은 평민처럼, 저녁은 거지처럼 먹어라'고 하는 말이 있다.

아침 식사부터 5대 영양소를 함유한 음식들을 골고루 먹으라는 뜻으로 이해된다. 고기 같은 소화가 잘 안 되는 음식도 아침에 섭취하면 낮에 활동하면서 소화를 시킬 수 있기 때문일 것이다. 전문가들 중 아침을 거르면 에너지가 부족해져 뇌 활동이 떨어져 지적 활동이 둔해지고, 점심과 저녁을 과식하게 되어 비만이 될 수 있고, 혈당을 낮추는 인슐린 호르몬의 기능을 저하시켜 당뇨병 발생률이 높아지므로 아침을 충분히 꼭 챙겨 먹으라고 하는 분들은 아침을 황제처럼 먹으라고 하는 것이다.

점심은 평민처럼 먹되 거르지 말고 꼭 먹고, 저녁은 휴식을 취하는 시간이라 에너지 필요량이 적어 필요 이상 섭취하면 대부분 체지방으로 쌓인다. 또한 저녁에는 우리 몸 장기들도 적절하게 휴식할 수 있도록 도와줘야 하니 적은 양을 먹으라는 것을 거지처럼 먹으라는 뜻으로 표현한 것이다.

식사 습관부터 음식 종류, 식사량, 음식 섭취 순서(거꾸로 식사법 : 채소나 샐러드 같은 식이섬유가 풍부한 식품을 먼저 섭취하고 단백질과 지방, 그리고 탄수화물을 섭취하는 방법) 등 서서히 적응해야 할 것들이 줄을 서 있다.

밥만이 식사인 줄 아는 분에게 밥이 아닌 건강을 위한 다이어트식이라고 생각이 될 식단을 어찌 소화해 낼지 걱정은 되었지만 일단 실행에 나섰다.

전문가들의 의견을 간추려 보면

아침에 먹으면 좋은 음식 :
미온수(체온보다 약간 낮은 30도 전후) 계란, 두부, 요구르트(단백질) 통밀빵, 오트밀(비정제 탄수화물) 아보카도, 견과류(불포화지방산) 감자, 양배추, 당근, 오이, 사과(과일과 채소, 섬유질).

대략 식단을 짜고 보니, 우리 집은 아침이 너무 늦어 점심과 저녁의
식사 시간 간격이 좁아져서 음식을 소화 시키는 데 문제가 있을 것 같
다는 생각이 들었다.

처음 2년간은 모유를 먹던 애기의 이유식을 만들듯 기존의 아침 식
사를 조금씩 변화시켜 신경을 써서 준비하고, 대신 점심은 간편한 '한
그릇' 음식으로 준비했었다. 소바, 우동, 떡국, 냉면, 잔치국수, 스파게티,
비빔밥 등인데 고명이나 소스 등에 채소나 달걀, 고기, 해물 등이 들어

가지만 주 메뉴는 탄수화물이다.

거기다 저녁때가 되어도 시장기를 못 느껴서 점심을 간식 개념으로 간단하게 바꾸기로 하였다.

간식의 주메뉴는 콩, 견과류, 오트밀 등으로 만든 따뜻한 두유에 쑥떡이나 기장떡, 혹은 고구마나 바나나, 요구르트와 블루베리, 그리고 볶은 멸치 한 줌, 귀리를 넣어 만든 잣죽이나 단호박죽 혹은 콩죽이나 팥

죽 등과 salad, 아침상에 올렸던 남은 과일이 등장한다.

(개인의 건강 상태에 따라 떡, 바나나, 감자, 오트밀, 단호박, 죽, 과일 등은 당을 급속히 올릴 수도 있고 질환에 따라 피해야 할 음식들이 있어 당뇨병, 고혈압, 고지혈증, 비만, 간 질환, 신장 질환 등 만성질환이 있는 분들은 반드시 전문가(의사나 영양사)와 상담하여 개인에게 맞는 식단을 준비해야 함).

초라해 보이지만 탄수화물, 단백질, 지방, 비타민, 무기질이 모두 들어 있는 간식이 되어 저녁 시간까지 견딜 수 있게 해 준다.

전문가들이 권장하는 아침, 점심, 저녁 황금비율은 '3 : 2 : 1'인데 우리

집의 비율은 '2:1:3'쯤 되어 보여 모범식단에 비추어 보면 우리 집 식단은 문제가 있어 보인다.

　그러나 요즘에 소개되는 《채소·과일식》(조승우), '자연스러운 가장 효과적인 식단'에서는 색다른 정보를 제공한다.

'낮 12시부터 저녁 8시까지 8시간 동안 음식을 섭취하고,

저녁 8부터 새벽 4시까지 소화·흡수해서,

새벽 4시부터 낮 12시까지 독소·노폐물(찌거기)을 내보낸다.

저녁 8시부터 다음 날 아침 8시까지 최소 12시간은 물만 마시며 공복을 유지해 몸 안에 독소와 노폐물을 배출해야 하는데 아침 식사는 독소 배출에 사용될 에너지를 못 쓰게 한다.'

이진복 원장의 간헐적 단식에서 공복시간(굶는 시간)과 식사 시간의 비율을 12:12로 시작해서 14:10를 거쳐 목표를 16:8까지 잡고 있는 것과 조승우 한약사의 낮 12시부터 저녁 8시간 동안만 음식을 섭취하고 다음 날 아침 8시까지 12시간 동안은 물만 마시며 공복을 유지해 독소 배출을 도와야 한다는 것이 일치하는 것을 보게 된다.

문제가 된다고 생각한 저녁형 집안의 식사 시간은 간헐적 단식을 의식하지 않고 지냈어도 '15:9'쯤 되는 것 같다. 야식은 안 하고 저녁에 커피는 수면에 지장을 받아 물만으로 공복을 유지해 몸이 휴식과 수면으로 회복되어야 할 시간을 지켰던 것이 다행스럽다.

중국에서는 본래 두 끼를 먹었는데 아침과 저녁 사이에 시장기가 돌 때 마음(心)에 점(點)을 찍듯 소식(小食)으로 가볍게 먹는 음식이 점심이었다고 한다(2020. 5. 4 정종수 전 국립고궁박물관장).

우리도 옛글에 가난한 살림을 '조반석죽(早飯夕粥 : 아침에는 밥을 먹고, 저녁에는 죽)'이라 표현한 걸 보면 조석(朝夕)으로만 식사를 하지 않았을까

하는 생각이 든다.

　흥미로운 것은 우리나라 궁중에서 아침, 저녁에는 '수라'를 올리고 점심은 다과나 국수로 '낮 것'이라고 칭하여 올렸다고 한다.
　우리나라 왕실 식단을 그렇게 만들었을 때는 그럴만한 이유가 있었을 것이라는 생각이 들어 우리 집 식단이 이상한 식단이 아니라 어쩌면 모범 답안일 수도 있겠다는 생각이 들기도 한다.

　저녁형 집안의 식사 시간·식단 등의 어려움 때문에 동네를 몇 바퀴 돌며 이 집 저 집 기웃거리고 났더니 어쩐지 우리 집도 그리 걱정할 만한 경우는 아니었다는 엉뚱한 생각이 들어 조금은 기운이 나서 이런 생각까지 해본다.
　저녁형 사람들은 저녁에 뇌 활동을 받쳐 줄 에너지가 필요한 사람들이다. 잠을 늦게 자는 것이 장에서 음식을 소화 시킬 충분한 시간을 주는 역할을 할 수도 있는 것이다. 그러므로 다른 집과 식단 비율이 달라도 야식은 피하고 저녁은 든든히 먹되, 지켜야 할 위를 비워야 할 공복 시간(간헐적 단식)은 지키면 된다는 결론이 나온다.

　개운치 않았던 우리 집 식단을 '이상 없음'으로 바꿔보려고 엮어 본 이야기다.

참고 1)

[저녁 식단]

48

참고 2)

[점심 식단]

소식(小食)

50년이 넘어 꿈속에서 있었던 일처럼 아련한 기억 속의 애기.

걸음마를 시작한지 얼마 안 되었던 애기는 자기 식사 시간 마감은 스스로 정했다. 먹을 만큼 먹었다고 생각되면 마주 보고 앉아 거들어 주고 있던 엄마 앞으로 기저귀로 큼직해진 엉덩이를 보이며 뒤로 몸을 돌려 조금은 높은 자기 의자(high chair)에서 내려온다. 힐끗 엄마를 보고 노래를 부르는 듯 쫑알거리며 위태위태하게 뛰어가는 것 같은 모양새를 보인다. 노래 가사는 '머거·머거(먹어·먹어)'.

얼마 남지 않은 먹다 남긴 자기 밥을 가지고 뒤따라오며 늘 엄마가 하는 소리를 흉내 내어 엄마를 유인하는 듯하다. 똑똑한 엄마들이나 전문가들은 아이가 음식 투정을 하거나 안 먹으면 먹던 음식 그릇을 치워 버리라고 한다. 더구나 돌아다니며 먹는 것은 절대 허용해서는 안 된다는 의견이 썩 내키지 않아 우리 집은 아이들 엄마 방식으로 아이들을 키웠다. 엄마가 시간만 된다면 몇 숟갈 더 먹이는 것이 목적이 아니라 엄마의 사랑을 알리는 더 귀한 것을 얻을 수 있는 시간이 된다고 생각했기 때문이다.

애기가 밥 때마다 엄마한테 '머거 머거'라는 소리를 하던 것처럼 이제는 아이들 아버지의 'Too much' 소리를 자주 듣고 지낸다. 아이들을 키우면서 조금이라도 더 먹이려고 극성을 부렸던 것처럼 보였던 모습이 이제는 대상이 바뀌어 또 다른 오해를 살 일을 하며 지내는 것이다.

노부부의 대화는 항상 '소식해야 된다던데'로 시작되어 '많으면 남기시라'로 진행되고, 더 이상 진도가 나가면 심각한 사태가 벌어질 것 같은 상황이 되곤 한다.

번번이 '생각 없이 사는 사람'으로 여기시는가 하는 생각이 들어 서운한 생각이 들기 때문이다.

세계보건기구(WHO)에서 비만을 '질병'으로 분류해 WHO 산하 국제암연구소(IARC)는 비만과 관련된 암 13가지를 발표하였다. 또한 비만은 고혈압, 당뇨병, 이상지질혈증, 심혈관질환, 천식 등의 원인이 될 수 있다고 밝혔다.

이렇듯 만병의 근원인 비만을 피하면 다양한 질병을 예방할 수 있다는 데서 '소식하면 오래 산다'는 말이 전해진 듯하다.

소식(小食)은 하루 필요 칼로리의 70~80% 정도의 음식을 섭취하는 식사법이다. 평소 두 끼에 먹는 양을 세 끼에 나눠 먹으면 된다고 하는데 소식할 때는 반찬보다 밥의 양을 줄여야 영양소 손실 없이 섭취 열량만 낮출 수 있다. 고기나 채소는 평소처럼 먹어 필수 영양소를 채우고 밥은 절반가량 줄이라는 것이다. 20분 이상 천천히 씹어 먹어 식사 뒤 포만감을 느껴야 소식을 실패하지 않고 계속할 수 있다는 것도 이해가 된다.

소식을 하면 사용하지 않는 잉여 에너지가 몸 안에 쌓이지 않게 되어 비만을 예방하고 염증을 줄여 노화를 막는 건강 효과가 장수로 이어져 소식이 장수의 비결이라고 알려져 왔다. 또한 건강하려면 '소식다작(小食多嚼)' 하란 말이 옛날부터 전해 내려오는 것도 많이 먹어 잉여 에너지가 몸 안에 쌓여 비만이 되면 많은 질병을 가져와 수명을 단축할 수 있는데 비해, 적게 먹고 많이 씹어 먹은 만큼이라도 완전히 섭취해 건강을 유지하는 길이 장수하는 길이라는 뜻일 것이다.

그러나 오늘날 전문가들 중에는 소식을 하면 오히려 건강을 해칠 수 있는 사람도 있다는 것을 알리며 '소식은 40~50대에 시작해서 70세 이전에 끝내는 것이 좋다'고 전한다.

'40~50대 중년층은 기초대사량과 활동량이 함께 떨어지기 시작할 시기여서 몸 안에 잉여 에너지가 쌓이게 된다. 쓰이지 못한 에너지는 혈관에 쌓여 비만, 고지혈증 등 만성질환을 일으켜 수명을 단축 시킬 수 있는데 이때 소식을 시작하면 혈관에 노폐물이 쌓이는 것을 막아 각종 질환과 노화를 예방하기 때문에 소식이 필요하다. 그러나 성장기의 청소년과 70대 이상 노인은 소식을 피하는 게 좋다는 것이다. 뼈와 장기가 자라는 시기인 청소년들은 풍부한 영양 섭취로 성장 에너지를 확보해야 하고, 70대 이상 노인은 대사기능이 떨어져 음식물을 많이 섭취해도 몸이 영양소를 흡수하는 비율이 크게 줄어든다. 중년층과 같은 양을 먹어도 에너지로 쓸 수 있는 양이 적기 때문에 노인은 소식을 삼가고 영양소를 골고루 먹어 에너지를 공급하는 게 중요하다.'

전문의들의 70대 이상 노인의 소식(小食)에 관한 의견들이다.

'어르신 건강 해치는 소식(小食)'이란 제목하의 기사 내용이다.

> "노인은 필요한 열량을 충분히 먹는 것이 우선순위가 돼야 한다. 관절염을 일으킬 정도로 심각한 비만이 아니면 일부러 소식할 필요가 없다.
> 노년기에 적정 체중을 유지하려면 밥상이 풍부해야 한다. 고기를 잘 챙겨 먹어야 하는 이유는 단백질 섭취와 체중 유지에 효율적이어서다."
>
> (김선욱 교수, 분당서울대병원 노인병내과)
> 〈중앙일보〉 헬스미디어(https://jhealthmediam.joins.com) 2017.2.6.
>
> "노인은 젊은 세대와 다르게 고기를 먹어서 성인병에 걸리는 문제를 고민할 필요가 없다. 오히려 소화흡수율이 떨어져 근육을 만들 때 더 많은 단백질이 필요하기 때문에 섭취를 늘려야 한다.
> 성인은 체중 1kg당 단백질 0.9g, 노인은 최소 1~1.2g을 먹어야 한다."
>
> (원장원 교수, 경희대병원 어르신진료센터)
>
> "저체중인 사람은 병에 견디는 능력이 정상체중이나 과체중보다 떨어진다. 특히 감염 때문에 사망하는 경우가 많다. 영양상태가 곧 면역력인데 영양이 불량하면 폐렴 같은 감염 질환에 취약하다."
>
> (김신곤 교수, 고대안암병원 내분비내과)

소식의 핵심은 어떤 음식을 얼마만큼 섭취하느냐가 중요한 것으로, 영양소를 골고루 섭취하고 음식을 천천히 많이 씹어 완전 흡수해 필요량의 영양분을 취하는 것이다.

올바르게 소식하는 방법

- 쉽게 먹을 수 있는 부드러운 음식보다 적당히 딱딱하고 섬유질이 많은 음식을 먹어 많이 씹어 먹는 습관을 갖도록 해서 소화 흡수가 잘되도록 한다.
- 식사 시간은 적어도 20~30분 정도로 천천히 먹어 뇌에 충분히 먹었다는 전달이 되어 과식하지 않도록 한다.
- 국이나 찌개, 과일과 채소 등으로 먹게 되는 수분이 있어 하루 5잔 정도의 물은 섭취하도록 한다(WHO는 하루 적정 물 섭취량을 8컵, 약 2L를 권함).
- 향신료를 많이 사용하면 미각·시각을 자극시켜 식욕을 왕성하게 만들어 과식의 원인이 되므로 향신료를 적게 사용하고 음식을 싱겁게 조리한다.
- 식사 때는 동시에 두 가지 일을 하면 뇌에 포만감의 신호가 전달되지 않아 자신도 모르게 과식하는 경향이 높아지므로 다른 일 하는 습관을 없애야 한다.
- 인체는 낮보다 밤에 에너지 소비량이 줄어 지방을 축적시키게 되기 때문에 밤 9시 이후는 음식을 먹지 않는다.

우리 집 아이들의 식사지도는 전문가들의 엄격한 지도 방법보다 우리 집 엄마식으로 잘해냈다고 생각하는데 아이들 아버지의 식사 관리는 점점 어려움이 많아진다. 전문가들의 의견을 종합해도 새로운 정보들이 계속 나오고 있어 배워가며 열심히 노력하고 있다.

참고 1)

• 중국 쓰촨대학교 서중국병원 연구팀은 '중국평생건강장수 실태조사(CLHLS)에서 사회 활동의 빈도가 수명에 어떤 영향을 끼치는지 알아보기 위한 연구에서 다른 사람을 만나는 등 사회 활동을 많이 하면 더 오래 산다는 연구 결과가 나왔다. 정확한 원인은 알 수 없지만 사회 활동 자체가 건강한 신체 활동을 포함하며 만성 스트레스의 영향을 완화했을 것이라고 추정된다.

[연구 결과는 국제 공중 보건 저널인 〈역학·지역 사회 건강 저널〉(Journal of Epidemiology & Community Health)에 게재]

참고 2)

[중년기에 필요한 소식(小食)에 관한 내용]

• 중국 고서 : '복팔분(服八分)이면 무의(無醫)'
　　　　　배(위) 속의 8할만 채우면 의사가 필요 없다.
• 배부르게 먹는 것은 목숨의 과녁에 활을 쏘는 일이다.

[노년기의 장수 건강 비결]

• 음식 : 70대 이상 노인은 영양소를 골고루 섭취하되 과식은 피한다.

• 운동 : 일상생활부터 사회 활동까지 부지런히 움직이는 것이 최고의 건
강 유지 방법.

✽ 스트레스(Stress) 해소 : 낙천적 성격은 스트레스 조절이 뛰어나므로 낙
천적 사고가 중요.

보릿고개의 여파(餘波)

TV에서 흘러나오는 13살 소년의 노래 소리에 나이 든 사람이 어느새 숙연해진다.

'아야 뛰지마라. 배 꺼질라, 가슴 시린 보릿고개 길.
주린 배 잡고, 물 한 바가지 배 채우시던 그 세월을 어찌 사셨소.'

배 꺼진다고 뛰지 말라니?
배가 고픈 데 물 한 바가지로 채워?
젊은 부모들도 특별히 아이들에게 보릿고개에 대한 이야기를 해 줄 기회가 없었던 집에서는 노래를 듣고 아이들의 질문이 많았을 것 같다.

'보릿고개'에 관한 자료를 간단히 요약해 옮겨본다.
'역사적으로 볼 때, 고대에서부터 조선 후기 정약용(丁若鏞)에 이르기까지 기아시(飢餓詩)를 지어 보릿고개의 참상을 표현할 정도로 가뭄이나 홍수 등으로 굶주림의 기록이 많이 나타난다.

연례적으로 보릿고개를 겪게 된 계기는 일제 강점기였던 1910년 '토지조사사업'을 통해 구조적으로 정착되었다. 약 80%에 이르렀던 소작농은 추수 때 걷은 농작물 중 평균 5할(50%)이 넘는 소작료, 빚, 이자, 각종 공과금 등을 떼고, 전체 생산물의 약 24~26% 밖에 얻을 수 없었다. 이 남은 식량으로 다음 해 초여름 보리 수확 때까지 버티려니 가을에 걷은 곡식은 다 떨어졌는데 보리는 채 여물지 않은 상태여서 먹을 것이 궁해지는 4~5월 즈음을 '보릿고개'라 했다. 넘어가기 힘든 고개라고 실제로 보릿고개가 끝날 무렵에는 산나물도 없어져 풀뿌리, 나무껍질까지 벗겨 먹어가며 견뎌냈는데 소나무 껍질은 질긴 섬유질이라 체내에서 소화가 안 되어 심한 변비에 걸려 일을 볼 때마다 항문이 찢어지는 일이 많았다. 여기서 심한 가난을 말할 때 '똥구멍이 찢어지게 가난하다'고 표현하게 되었다'

(https://encykorea.aks.ac.kr)

요즘도 '보릿고개'란 간판이 걸린 식당에서는 어디서든 보리밥과 각종 나물이 나온다. 함께 나오는 별미음식은 제쳐두고 결국 비빔밥을 만들어 먹게 된다.

오래전 직장동료가 시골에서 자랐던 어린 시절부터 밥을 빨리 먹게 된 것이 비빔밥 탓이었다던 생각이 나서, 문득 보릿고개와 나물은 그렇게 연결이 되어 아직도 이어지는 것 같다는 생각을 해본다.

어려웠던 시절, 큰 양푼에 먹을 수 있는 건 모두 넣고 비벼서 많은 식구들이 숟갈만 들고 빙 둘러앉아 먹는데, 한 숟갈이라도 더 먹으려면 빨리 먹어야 했던 때가 지금의 70~80대가 되신 할머니·할아버지들의 어린 시절이다.

이렇게 살아온 우리에게 이제 와서 '음식을 꼭꼭 많이 씹는 것이 최고의 보약이다'.

'한국 사람들 위장병이 많은 것은 씹지 않고 속식하거나 과식하기 때문이다'라고 어찌 말을 할 수 있는가?

요즘(2022년) 하루에 몇 번씩 TV 채널마다 최불암 씨가 연예계의 어르신답게 '꼭먹'을 가르치러 나오신다. 약 홍보를 위한 강의료는 제약회사에서 드리겠지만 우리 어른들은 특정 약품을 염두에 두지 말고, 음식은 무엇이든 '꼭꼭 씹어 먹어야 한다'는 귀한 교육 내용을 실천하도록 거들어야 할 것 같다.

어릴 때부터 '꼭꼭 씹어 먹어라'고 하시는 어른들 말씀을 무심히 듣고 지내다가 나이 들어서 관련분야 전문가들의 책이나 연구를 통한 발표 내용을 보고야 저작 활동(꼭꼭 씹어 먹는 행위)의 중요성을 이해하게 된다.

• 미국 생화학자 '제레미 카슬로' 박사는 저서《건강과 치료를 위한 엔자임 효소(Enzymes For Health And Healing)》에서 침 속 효소를 충분히 분비시키기 위해서 30~40번 씹어 줄 것을 조언한다.

'소화는 입에서부터 시작하여 침 속에 있는 알파 아밀라아제라는 효소가 입속에 들어온 탄수화물을 더 작게 분해시켜 몸 곳곳에서 에

너지로 쓰이게 한다.'

'영양가 높은 음식물을 먹어도 잘 씹지 않으면 소화가 안 되고(불완전 소화), 영양분이 흡수가 안 된다(불완전 흡수). 우리 몸에 필요한 영양분을 섭취하지 못하면 악순환만 되풀이되고 계속되면 위장은 과로로 병이 나고 영양은 균형을 잃게 되기 때문에 조금을 먹어도 먹은 것이라도 완전 소화시키고, 완전 흡수시키려면 입에서 음식물이 물이 될 때까지 꼭꼭 씹어 먹어야 한다'고 전한다.

• 일본 방사선과 화학물질의 독성 연구 분야 전문가인 니시오카 하지메는 저서 《씹을수록 건강해진다》에서 꼭꼭 씹는 것이 단순히 소화를 잘 시키게 할 뿐 아니라 잘 씹는 습관이 생활습관병, 암, 유해물질 등으로부터 우리 몸을 지켜주는 강력한 건강 비결이라는 사실을 과학적으로 밝혀 주었다.

꼭꼭 씹어 먹으면 침에는 농약, 화학비료의 독성을 제거하는 성분이 포함되어 있어 발암물질, 식품첨가물, 환경호르몬으로부터 우리 몸을 지켜주는 타액의 놀라운 힘을 찾아낸 것이다(타액의 독성 제거능력).

• 영국 맨체스터 의과대학 연구팀은 '저작 기능이 각종 감염 예방에 미치는 영향'을 연구했다. 턱의 기능과 관리의 필요성을 언급한 면역학 저널에 실린 이 연구는 '음식물만 제대로 잘 씹어도 면역세포가 증가해 각종 감염을 예방할 수 있다'는 결과와 저작 기능이 인간의 수명에 큰 영향을 주는 것으로 나타났다고 밝혔다.

• 일본 도쿄 의치대 대학원 오노 다카시 교수팀은,

성장기에 음식물을 씹는 저작 활동은 고차적 뇌기능 발달에 영향을 미쳐 중요하다는 연구 결과(Journal of Dental Research 게재)를 발표했다. 성장기에 저작 회수가 저하되면 턱뼈와 씹기 위한 근육뿐 아니라 뇌 발달에도 악영향을 미쳐 기억력·학습기능이 저해될 가능성이 있다는 것으로 밝혀졌다.'

또한 나이 들어 치아를 잃어 저작 활동이 저하되면 치매 위험이 높아지는 것으로 나타나 저작 활동과 뇌기능의 연관성을 증명하였다.

(2018. 9. 10. 〈의학신문〉, 정우용 기자)

전문가들이 주장하는 저작 활동의 중요성을 요약하면, 음식을 꼭꼭 씹는 저작 활동이 소화를 도와 음식물을 잘게 부수어 소화기관으로 잘 넘어갈 수 있게 해주는 것이 전부가 아니라는 것이다. 음식을 씹는 동안 우리 몸에서 많은 변화가 일어나고 신체 각 부분에 긍정적 효과도 나타난다.

저작 활동은 단순히 치아가 위아래로 움직이는 것이 아니라 얼굴의 많은 근육(구강점막, 혀, 턱근육, 턱연골, 턱관절, 타액선)등 인체조직이 긴밀하게 움직이는 과정이다.

저작 활동을 충분히 하지 못하면 턱관절 아래 뼈 부분이 발달하지 못해 불균형을 초래하게 되어 잘 씹지 않는 아이들은 치아가 고르게 발달하지 못하는 경우가 있다. 특히 유아기 때 잘 씹지 않으면 아래턱 근육이 제대로 발달 되지 않아 영구치가 비뚤어지거나 덧니가 생기는 일이 많다. 옛날과 달리 치과에서 교정을 많이 받는 것도 꼭꼭 씹지 않아서 생긴 일이라고 보는 전문가도 있다.

어린이부터 노인까지 모든 연령에 저작 활동이 필요한 이유

• 꼭꼭 씹으면(저작 활동) 뇌 전체에 자극이 전달되어 뇌에 충분한 혈액을 공급해 기억을 담당하는 뇌의 신경을 활성화시킨다. 뇌가 활성화되면 학습능력, 기억력, 판단력이 높아진다. 어린이의 학습부터 노인의 치매 예방까지 해당된다.
운동선수들이 경기 중에 껌을 씹는 이유는 저작 운동이 활발해지고 집중력과 운동신경과 관련된 뇌의 부분이 활성화되기 때문이다.

• 꼭꼭 씹으면 침샘이 자극되어 침이 많이 나오는데 침 속에는 소화효소뿐 아니라 강력한 면역 물질과 독성제거 물질이 포함되어 있다.
약 30회의 저작 활동을 할 경우, 우리 몸에 활성산소를 제거하는 알파아 밀라아제가 분비된다. 침 속의 페록시다아제라는 성분은 발암물질을 해독하는 작용이 있으며, 침의 성분은 바이러스의 활동을 억제, 충치세균이 분비하는 산을 중화하는 작용을 한다.

• 꼭꼭 씹으면 생기는 침의 분비량과 그에 비례해서 나오는 노화방지 호르몬으로 알려진 침 속 파로틴(parotin)은 온몸의 뼈와 혈관, 피부, 머리카락 등을 튼튼하게 만들어서 노화를 방지하는 역할을 하며 혈관성 치매에 걸릴 위험을 낮춘다.
이렇듯 침이 많이 나오도록 오래 씹으면 충치예방, 면역력증대, 노화방지에 도움을 준다고 한다.

• 꼭꼭 씹으면 턱근육이 균형 있게 발달하게 되며 잇몸을 튼튼하게 해주어 치아 건강에 도움을 준다(부드러운 음식만 섭취하면 충분한 저작 활동을 하지 못한다.).

저작 활동의 중요성을 국민들에게 알리고 실천하는 나라

• 핀란드

1972년부터 국민 구강보건법을 제정하여 어려서부터 강력한 구강관리와 저작 운동의 필요성을 알리는 데 힘쓰고 있다.

• 초고령사회에 진입한 일본

나이들어 자연스럽게 치아가 빠져 저작 활동을 제대로 못하는 노인들이 많아 1989년 '8020운동'을 도입해 '80세까지 치아 20개를 보존하자'라는 운동을 전개하고, 현재는 '80세에도 고기를 마구마구 뜯자'는 의미의 '8029운동'을 전개하고 있다고 한다.

• 우리나라

구강보건의 전반적인 계획을 세우고 실천하도록 준비하는 단계.

제1차 기본계획은 2017~2021년까지 지자체 구강보건사업에 중점을 두었었고, 제2차 2022~2026년까지 5년간은 구강질환의 건강증진과 전신질환과의 통합관리를 통해 구강건강과 전신건강 모두를 향상시킬 수 있도록 한다는 계획이다.

초고령화 시대에 구강건강 증진으로 건강수명 연장을 비전으로 사전예방적 구강 건강관리 및 치료 역량 강화, 취약계층의 구강 보건관리 등 중앙 차원에서 지자체 구강 보건사업 운영 전반 점검을 강화한다는 목표를 가지고 있다.

생애주기별 주요 구강질환 치료를 위한 방안

• 영유아는 구강검진 시기 중 30~41개월을 추가해 3회에서 4회로 확대한다.

• 학생 구강검진을 국가검진 체계로 통합한다.

• 성인·노인의 치주질환 등 생애주기별 구강질환 특성별 관리, 개인의 구강 검진 이력, 임플란트, 보철 등 구강 진료 활성화를 지원한다.
만 65세 이상의 의료급여 수급권자는 임플란트와 틀니 지원을 정부로부터 받을 수 있다.
한 사람당 평생 2개의 임플란트를 지원하며 건강보험 일반가입자는 치료비의 30%를 본인이 부담하면 된다.
틀니는 동일부위(상악·하악), 동일 종류(완전틀니·부분틀니)의 경우 7년에 1회 급여적용이 원칙이며, 구강상태가 심각하게 변화되어 새로운 틀니가 필요한 경우 7년 이내에 재제작이 가능하다.

• 장애인·노인 등 거동 불편자 구강 관리를 위한 구강 건강정책이 제2차 구강보건사업 기본계획을 기반으로 추진되고 있다.

가정에서는 식구들의 음식 섭취 시 저작 활동에 도움이 될 만한 일을 찾아 실천해야 할 것 같다.

· 씹지 않고도 먹기 쉬우면 턱관절이 발달하지 못하고, 씹기 힘들면 오래 씹지 않게 되기 때문에 너무 부드러운 음식이나 질기거나 단단한 음식을 피하고 씹기 적당한 강도가 있는 음식을 준비하는 것을 염두에 두고 음식을 준비하도록 한다.

·자극적인 음식은 저작 활동을 방해하므로 양념 등에 신경을 써서 싱겁게 먹을 수 있도록 음식을 조리 한다.

·식구들이 모인 밥상머리에서 올바른 저작 활동에 관한 교육적 이야기로는 한쪽으로 오래 씹지 않고 양쪽으로 번갈아 씹는 것과 씹는 횟수를 늘리자는 것을 계속 반복해서 알려야 한다.

·턱을 괴거나 이 악물기 등 생활 습관의 교정은 스스로 신경을 쓰도록 이해시킨다.

·노화로 인해 치아가 빠진 어른들께는 임플란트, 틀니 등 빠진 치아를 대치해 저작 활동을 활발히 하시도록 독려해야 할 일이다.

우리나라의 어른들은 오랜 세월 보릿고개로 인해 적당히 씹어 빨리 먹는 식사 습관을 가지고 있지만, 우리 자손들에게는 건강하게 살아가도록 어릴 때부터 좋은 식습관을 적극적으로 가정과 학교, 사회에서 지도해야 할 것이다.

우리나라에서 생일에 미역국을 먹는 풍습은 전통적으로 출산 후
산모의 건강(회복)을 위해 미역국을 먹었던 것에서 유래한다.
어머니가 겪었던 출산의 고통과 희생에 대한 감사와 존경을 표현하는
의미가 있다. 또한 예로부터 미역은 건강과 장수를 상징하는 음식으로
여겨져 생일을 새로운 한 해의 시작으로 축하하며 건강과 장수를 기원하는
의미를 담고 있다.
생일에 미역국을 먹는 풍습은 음식을 먹는 행위를 넘어 우리 민족의
역사와 문화, 가족의 사랑과 건강을 기원하는 깊은 의미를 담고 있다.

소중한 한국인의 먹거리

2023.5.11 B

2024.5.11 B

Water, the sixth nutrient?

"할머니, pee(오줌) 색이 노란 치즈(cheese) 색이야."

여행 중, 식당 화장실을 같이 사용하게 된 다섯 살 손녀가 손을 씻으며 비밀 이야기를 하듯 목소리를 낮춰 속삭이듯 말을 한다.
옆에 있던 할미는 손을 닦을 종이를 뽑아주며
"그래? 우리 나가서 물 좀 많이 마셔야겠다."
동문서답을 하는 것 같은 할머니를 묘한 표정을 지으며 쳐다본다.

필수영양소란 우리 생명을 유지하고 활동하는 데 필요한 에너지를 내는 물질, 꼭 음식물로 섭취해야 하는 영양성분을 말하는데, 마시는 물을 영양소라고 칭하기엔 무리가 있다고 하는 전문가들이 있는데도 물을 6번째 영양소로 인정하는 추세다.
우리 몸의 에너지원으로 사용되는 주(主) 영양소(대량 영양소)는 탄수화물, 단백질, 지방으로 '3대 영양소'라고 불린다. 몸의 에너지원으로 사용되지 않지만 우리 인체 조직을 구성하거나 생리기능을 조절하는 데 관여하는 부 영양소(미량 영양소)는 비타민, 무기질로 인간의 신진대사에 필수적이어서 5대 영양소로 알려졌는데 여기에 물이 속하게 된 것이다.

우리 몸은 약 70%가 수분으로 형성되어 있어서 원래 우리가 가지고 있던 수분이 2% 손실되면 심한 갈증이 나타나고, 5% 정도의 수분이 부족하게 되면 정신이 혼미해지며, 수분이 15~20% 이상 부족하게 되면 사망하게 될 정도로 물은 생명 유지에 중요하다. 더구나 다른 영양소들은 부족하게 되면 결핍증상이 몇 개월이나 몇 년에 걸쳐 나타나지만 물은 단 며칠도 생존하기 어렵기에 부영양소로 자리를 잡은 듯하다.

물에 관해 알아본 것을 정리해 보면,

'우리 몸속에 있는 수분은 혈액이나 체액으로 우리 몸에서 체온을 유지하며, 각종 영양소를 몸 전체에 잘 흡수되도록 전달하고, 몸에 있는 독소를 밖으로 배출한다. 또한 면역세포를 데리고 다니며 암세포 등을 청소하는 역할을 하는데 만약 물이 부족하여 이런 기능을 발휘하지 못하게 되면 감기부터 암까지 모든 질병의 시작이 여기서부터 시작된다. 일상생활에서 대소변 배설, 땀, 눈물, 호흡 등으로 수분은 항상 빠져나간다.

신장을 통해 노폐물을 제거하는 소변의 경우, 수분이 부족해지면 몸에 물을 남겨두려고 농축된 소변을 내보내게 되어 소변 색이 변하게 된다. 오랜 시간 물을 섭취하지 않으면 신장결석이 생길 위험이 있고, 대장에서는 대변에 함유된 수분을 빼앗아 가서 변비가 생기기 쉽다.

반대로 너무 물을 많이 마시면 우리 몸의 전해질 농도가 희석되면서 저나트륨혈증이 생겨 두통, 구토, 정신 혼미, 뇌부종 등 사망에까지 이르게 될 수도 있다.'

하루에 물을 2L를 마시는 것이 건강에 이롭다고(세계보건기구는 하루 적정 물 섭취량을 8컵, 약 2L를 권함) 알려져 있지만, 꼭 그만큼의 수분을 지키기 위해 여러 잔의 물을 마실 필요는 없다고 한다. 인체가 필요로 하는 하루 수분 섭취량은 2.5L 가량이지만 채소·과일 등 음식을 통해 수분을 섭취하기 때문이다.

인체의 2/3가 물로 형성되어 있어 물을 너무 많이 섭취하거나 몸속에 물이 부족해지면 모두 위험하므로 적절한 시기에 적정량의 물을 보충해야 함을 이계호 교수는 이렇게 설명한다.

"체내 수분을 잘 유지하기 위한 적정량의 물은 몸에서 빠져나가는 물의 양(量)만큼만 보충하면 된다. 체내 수분의 많고 적음을 알아내는 방법으로 소변 색을 보고 물 보충을 결정하면 된다. 누런 노란색이면 물 부족함을 알려주는 것이고, 노란색이 없는 투명한 색이면 물을 많이 마신 상태이므로 보충할 필요가 없다."

몸 상태에 따라 시간을 정해놓고 소변 색을 확인하면서 물 마시는 방법도 생각해 볼 수 있다는 의견이다.

아침 공복에 1잔, 식전 30분, 식후 2시간, 취침 전 1시간 전에 1잔, 하루 총 섭취량 8잔을 기준으로 자신의 식습관과 체중, 연령에 따라 마시는 물의 양을 조절하면 된다는 것이다.

특히 노인의 경우는 신장의 재흡수율이 떨어져 수분이 부족해도 갈증을 느끼지 못해 의식적으로 매시간 물을 적당히 마셔야 한다고 한다.

화장실에 다녀오니 아직 음식은 나오지 않았지만 식탁에는 형형색색의 음료수가 식구 수대로 나와 있다. 작은이모와 할미 앞에만 물병이 놓여 있다. 더운 여름 오랜만의 휴가여서 아이들뿐 아니라 어른들도 취향대로 음료를 택한 것이다.

점심엔 할미가 물을 마시는 거라도 손녀에게 보여 주는 수밖에 없다고 생각하다가 과일이라도 먹어주기를 바라며 과일 접시를 건넨다. 다행히 탄산음료가 아니라 과일 스무디(smoothie)를 마시는 손녀를 보며 여행 중에도 신경 써서 물을 챙겨야겠다는 생각을 한다.

아이들 부모들에게도 아직 성공을 못하고 있는 것이 물의 중요성을 알리는 것이다. 아침에 일어나 혀 청소와 소금물로 가글(gargle)하고 미온의 물을 마시라는 것이 안 통한다. 찬물에 익숙한 사람들이라 아침만이라도 미지근한 물을 마셔보라고 권해도 오히려 얼음 만드는 기계를 들여놓은 것이 보인다.

기상 직후 물 한 잔은 건강에 이롭다는 것은 모두 알고 있다. 그 이유를 전문가들의 의견을 통해 종합해 보면,

- 자는 동안 땀이나 호흡 등으로 체내 수분이 최대 1L씩 배출되는데, 이때 혈액 점도가 높아지면 심뇌혈관 질환이 나타날 가능성이 커진다. 기상 직후 물을 마시면 혈액 점도가 낮아져 이 같은 질환을 예방할 수 있다.
- 또한 기상 직후 물 한 잔은 혈액·림프액이 늘면서 장운동이 촉진되어 배변 활동에 도움이 된다.
- 공복에 물은 포만감을 가져와 과식을 예방하여 다이어트에도 도움이

된다.

건강에 이로운 물도 건강을 해칠 수 있는 것이 찬물을 마셨을 때다.
- 찬물은 자율신경계를 과도하게 자극해 부정맥 등 심장이상이 생길 위험
  이 있으며, 우리 몸을 정상 체온으로 올리는 데 불필요한 에너지를 쓰
  게 된다.
특히 고령자는 기초대사량이 떨어진 상태에서 찬물을 마시면 체온이 감소
하고 위장 혈류량이 떨어지면서 소화액 분비가 저하된다
- 고혈압, 뇌출혈, 뇌동맥류 환자는 물을 빨리 마시면 뇌 혈류량이 갑자기
  증가해 뇌혈관이 파열되는 등 문제가 생길 수 있어 미지근한 물을 천천
  히 마셔야 한다.
기상 직후는 체온보다 약간 낮은 30도 전후 미지근한 물을 5분 이상
시간을 가지고 천천히 마시도록 하는 것이 좋다.

나이가 들면 필요에 따라 스스로 엄마 말을 따라올 것이라는 막연한
기대를 하는 이즈음 오늘처럼 물에 관한 홍보를 해야 할 대상이 손주들
로 바뀌고 있는 듯하다.

390년 전, 허준이 저술한 《동의보감》에는 33종의 물에 대한 정보 중
'음양탕(陰陽湯)'이 나온다고 한다. 뜨거운 물 위에 찬물을 섞어 상하(上下)
순환될 때, 대류현상이 일어나는 순간에 바로 마셔야 순환의 힘 덕분에
신진대사가 좋아지고 두통 해소, 위장 장애 등에 효과가 있다는 과학적

근거가 있다고 주장한다.

여기에 대한 젊은이들의 반응은 대류현상이 일어나기는 하나 몸에 들어가서는 영향을 미치지 않아 뜨거운 물과 찬물을 섞어 미지근한 물을 만드는 것에 불과한 유사 과학 정도로 여기는 듯하다.

특히 TV에 나온 전문인이 연예인들과 함께 진행한 《동의보감》 추천수 음양탕'에 관한 프로그램에 대해 시청자들의 부정적인 내용의 댓글이 무성했다. 눈길을 끄는 내용이 우리 집 아이들이 엄마의 물 홍보에 반응을 안 보이는 이유일 것 같다는 생각이 든다.

댓글 1 : 논문 검증 안 된 건 믿을 수 없다.
댓글 2 : 유사 과학도 안 되는 유언비어 퍼뜨리는 의료직 종사자, 언론은 모두 처벌해야 합니다. 21세기에 이게 뭐 하는 겁니까?
댓글 3 : 문제는 노인네들 이거 진짠 줄 안다고….

오늘 중으로 손녀와 마무리해야 할 이야기를 속으로 준비하느라 점심은 어찌 먹었는지 모르겠다. 식사 뒤, 두 시간쯤 지나 같이 물을 마시고 pee 색이 옅은 노란색으로 될 것을 이야기해 주고, 물은 천천히 조금씩 마시자고 일러줄 것이다. 그렇게 마셔야 체내흡수율이 높다는 것을 어떻게 알릴지 생각하다 '갑자기 물을 빨리 많이 마시면 배가 놀라 배탈이 날 수도 있어 천천히 마셔야 한다'고 하기로 했다.

영리한 꼬마 아가씨가 어쩌면 할미가 성공하지 못한 물 홍보를 엄마, 아빠한테 제대로 해 줄 수도 있을 것 같다는 생각에 혼자 빙긋했나 보다. 건너편에서 아까보다는 한결 밝아진 표정으로 손을 흔든다. 저녁 시간에는 평소의 환한 표정으로 바뀔 걸 생각하며 손을 들어 답을 한다.

- 더운 여름에 페트병에 든 생수를 뜨거운 야외나 차 속에 두게 되면 환경 호르몬의 문제가 생길 수 있다.
- 취침 전 한 잔의 물은 자는 동안 탈수와 심장마비를 막아준다고 권하는 사람도 있고, 자는 동안 콩팥이 소변 만드는 일을 멈추는 것이 정상인데 나이 들면 제어가 안 되어 소변을 계속 만든다면서 여기에 물까지 마시면 야뇨증이 심해진다고 노인은 저녁 취침 전엔 물 섭취를 피하라는 전문인도 있다.
- 물을 여러 번 끓이면 비소, 카드뮴 같은 중금속이나 플루오린 등의 성분이 생성되어 나쁘다는 이야기가 있으나 근거 없는 이야기로, 물이 끓으면 수증기만 나오고 가스나 전기요금만 올라간다는 농담 섞인 반응.
- 물을 끓이는 것만으로도 나노·미세플라스틱을 최대 90% 제거할 수 있다는 연구 결과도 나왔다고 함.

백성에게 밥은 하늘이다

'깨끗한 밥 좀 먹읍시다.'라는 소리가 이 집 저 집에서 간간이 들린다. '기름기가 짜르르 도는 흰쌀밥'이 생각난다는 표현이다.

고대에서부터 조선 말기에 이르기까지의 보릿고개, 일제 강점기의 식량 수탈과 6·25전쟁으로 밥 한 끼 먹는 일이 어려웠던 오랜기간 동안, 고깃국에 '기름기 짜르르 도는 이밥(쌀밥)'을 마음껏 먹어 보는 것이 우리 국민 대다수의 소원이었다.

조선시대 왕족이나 양반네들이 먹는 밥이라 하여 이씨(李氏)들의 밥, 이씨인 임금이 내리는 흰 쌀밥을 이(李)밥이라고 했다는 이야기도 전해질 만큼 귀하기만 했던 흰쌀밥이다.

1960년대까지만 해도 쌀밥은 귀했고, 대부분 잡곡밥이 밥상에 올랐었다. 1960년대 이전에는 거의 잡곡에 쌀을 약간 넣은 수준이었고, 더 그전에는 조밥이나 보리죽으로 끼니를 대신했는데, 6·25전쟁 이후 원조로 들어온 안남미가 보급되었지만, 지금의 할머니, 할아버지들의 학창 시절에는 점심 도시락에도 잡곡을 섞으라고 지도를 받았었다.

한강의 기적이 우리의 식탁에도 영향을 미쳐 흰쌀밥을 마음껏 먹게 되었나 했더니 건강을 생각하는 여유를 가지면서 흰쌀밥이 다시 잡곡밥으로 바뀌었다.

아직도 제사상에는 흰쌀밥을 고봉(밥그릇 위로 산처럼 수북하게 담은 밥)으로 담아 '메(밥)'를 올린다. 아마도 어려운 시절을 보내셨을 옛 조상들에게 지금이라도 많이 드시게 하고 싶은 자손들의 마음을 그런 식으로 표현하고 있는지도 모른다.

(힘들었던 시절에 넉넉한 인심과 따뜻한 정을 주위에 베풀고 살았던 옛날 양반들이 식사 때 밥그릇 위까지 수북하게 밥을 담아 그릇 위로 올라온 부분만 주인이 먹고 남은 밥은 고된 일을 하는 머슴들이 먹을 수 있도록 했다는 말이 전해 내려오는 고봉밥이라는 것이 있었다.)

일본에서도 20세기 초기까지 흰쌀밥만 선호하다가 '흰쌀에는 비타민 B1 부족으로 각기병에 걸릴 수 있다'는 경험을 하였다. 부자는 반찬을 골고루 풍족하게 먹어 괜찮았고, 가난한 사람들은 잡곡밥을 먹어 문제가 없었지만, 중간 계층의 흰 쌀밥만 고집하는 사람들이 각기병에 많이 걸려 사회 문제가 되었던 일이 우리나라에서도 쌀에 대한 인식을 새롭게 갖게 되는 계기가 되었다.

우리 국민의 오랜 소원이었던 흰쌀밥에 고봉밥을 먹게 되었는데, 건강을 해친다는 문제점이 알려지면서 다시 잡곡밥을 애기밥 만큼 먹는 게 요즈음의 우리 밥상의 모습이다. 잡곡이 건강식으로 선호되면서 부엌에서 밥을 짓는 사람은 나름 신경을 많이 쓰게 된다. 잡곡들의 식감이 흰쌀을 따를 수가 없어 현미는 미리 불리기도 하고, 보리쌀은 삶아 두었다가 섞기도 하는데 별로 도움이 안 되어 찹쌀을 조금 섞거나 흑미를 넣어 조금이라도 흰밥처럼 차지게 만들려 노력한다. 귀리는 적게 넣어도 입속에서 따로 놀아 갈아서 사용하고, Farro(파로), Quinoa(퀴노아), Chia seeds(치아시드)도 가끔 얹어보고, 서리태를 잡곡 맨 위에 놓으면 밥은 까만 밥이 되는 것이다.

'깨끗한 흰밥'을 밥을 만드는 사람도 가끔은 먹고 싶다.

어느 시대 건 우리 백성에게는 먹는 문제만큼 중요한 것이 없었다.

세종대왕부터 율곡 이이(栗谷 李珥) 선생, 동학의 2대 교주 최시형, 김지하 시인에 이르기까지 백성은 먹는 것을 하늘로 삼고 있다는 것을 알려 준다.'

- 세종대왕의 제1계명은 '밥은 백성의 하늘이다.' 그러므로 국왕이 해야 할 첫 번째 일은 '굶어 죽는 백성을 구제하는 일'이라고 말한다.
  '백성은 나라의 근본이고, 밥은 백성의 하늘이다(民惟邦本 食爲民天).'
  백성이 없으면 나라도 군주도 있을 수 없으므로 농사는 백성의 먹는 것의 근원으로 임금의 정치에 먼저 힘써야 할 일이라는 것이다.
- 율곡 이이 선생은 '임금이 있으려면 나라가 있어야 하고, 나라가 있으려

면 백성이 있어야 하니 임금은 백성을 하늘처럼 여겨야 하지만, 백성이 하늘로 여기는 것은 먹을 양식이다'.

임금의 하늘은 백성이고, 백성의 하늘은 밥이라는 것을 알린다.

- 동학의 2대 교주 최시형의 이천식천(以天食天)도 '밥은 하늘이다'로 해석할 수 있다. 동학혁명도 백성의 배고픔으로 인한 것으로 백성의 마음을 움직인 것이 밥이었다.

- 김지하의 〈밥〉이란 시에도 '밥은 하늘이다. 하늘은 혼자 못 가지듯이 밥은 서로 여럿이 같이 나눠 먹는 것'이며 '밥이 입으로 들어갈 때에 하늘을 몸속에 모시는 것'이라고 표현한다.

쌀(밥)이 남아도는 지금도 밥은 하늘이다.

밥이 하늘인 백성(우리)은 하늘을 혼자만 볼 수 없듯이, 밥은 여럿이 함께 나눠 먹어야 한다. 이제 우리는 더 이상 밥심으로만 살지 말고 주변에 대한 관심, 서로에 대한 관심으로 살아가야 하는 시대에 살고 있다.

"사람은 밥으로 사는 것이 아니다."

"사람은 밥으로 사는 것이 아니라 사랑으로 산다."

밥으로 사는 것이 아니라 사랑으로 사는 것이 사람이다.

자신을 '하늘에서 내려온 밥'이라고 불렀던 예수!

'백성에게 밥은 하늘이다'며 살아왔던 우리 민족.

세계 경제 10위에 속하는 대한민국이 되었는데, OECD(경제협력개발기구) 국가 중에 자살률 1위를 오랫동안 유지하고 있는 나라가 되었다.

마포대교 난간에 '밥은 먹었어?'라는 현수막이 걸려 있는 이유를 생각해 본다. 이 세상에 아무도 나를 생각해주는 사람 없이 버림받아 나 혼자라고 생각하는 순간에 나에게 '밥은 먹었어?'라고 관심을 보여 주며 나를 걱정 해주는 누군가가 있다는 것만으로도 살아갈 힘을 얻을 수 있지 않을까?

인간이 수천 년 전부터 오늘날까지, 전 생애를 통해 다다르고 싶은 최고의 지향점은 행복이다.

인생의 목적을 행복에 둔다면, 행복이 물질적 욕구를 충족시키는 것에서 얻어지는 것이 아니다. 고대 철학자 아리스토텔레스는 인간에게만 주어지는 고유한 기능인 정신적 덕이 있는 활동(정신적으로 의미 있는 삶)으로 얻어지는 부산물이 참된 행복이라고 말한다.

참된 행복이란 안정된 긍정심리를 갖게 하는 만족, 기쁨, 즐거움, 재미, 보람, 평온, 의욕, 희망과 같은 좋은 감정을 생성시키며 이런 정신적인 가치는 지속적인 충만감을 준다.

정신적인 가치보다도 물질적 소유가 행복인 것처럼 되어 있는 우리 사회에서 만족이라는 한계점이 없는 물질적인 욕구는 절대적인 기준이 없기에 개인의 주관적 판단과 감정으로 정해져, 후진국에서 부러워하는 선진국인 우리나라의 마포대교 난간에 '밥은 먹었어?'라는 현수막이 걸리게 된 것이 아닐까?.

우리가 하늘을 혼자만 볼 수 없듯이 세상 모든 사람들과 밥(물질적·정신적)을 함께 나누면 행복이라는 우리 모두의 인생 목적을 완수하는 길을 찾을 수 있을 것이다.

오렌지주스 드실래요?

오랜만의 가족여행이다.

성(姓)씨가 넷이나 다른 가족이 모인 집단이라 기대도 되고 조심스럽기도 하다.

언젠가부터 자신이 어린 손주들까지도 보호해 줘야 한다고 생각하는 위치에 있다는걸 느낀다. 손녀는 자기 음료를 가지러 가면서 물어 온다.

'오렌지주스 드실래요?'
'아니, 괜찮아, 고마워.'

이상할 것이다. 지난번에도 베이컨(bacon)을 싫다고 하던 할머니가 말이다.

오십 년도 전에 대학촌에 있는 병원에서 같은 날 세 명의 애기가 젊은 부모들의 환영을 받으며 태어났다. 몇 시간 간격으로 출산한 산모들인데 현지인들은 바로 일어나서 옆방까지 드나드는 데 외국인 한 명은 움직이질 않으려 한다.

'우리는 물을 먹고 자랄 때 이곳 사람들은 우유를 먹고 자라서 그런지 건강한 것 같다'고, 누군가 우스갯소리를 했던 기억이 나서 그 말이 사실인가 보다는 생각이 들 정도다.

어른들께 임신 소식을 전한 뒤부터 산후 삼칠일(三七日 : 칠 일이 세 번 지날 때까지의 기간으로 21일을 의미) 동안은 각별히 조심해야 한다고 들어왔는데, 해산 뒤 첫날부터 옆 사람들이 자신의 일들을 스스로 거뜬히 하니 어쩔 수 없이 웬만한 일들은 도움을 청할 수 없는 입장에 처하게 된 것이다.

계속해서 고민스러운 일들이 생긴다.

간호사들이 샤워를 하라고 이끄는데 집안 어른들이 아시면 큰일 날 일이다. 어째야 할지 망설여졌지만, 안 하겠다고 하면 혹시나 우리나라 국민 전체가 미개인 취급을 받을 것 같아 출산 다음 날부터 샤워를 하며 어른들 말씀대로 나이 들어서 골병들 각오를 했던 것 같다.

그리고 잊지 못할 첫 밥상.

정확하게 기억할 수는 없지만, 진통 시작하던 날부터 거슬러 올라가면 배가 고파도 한참 고파야 할 시간이 지났는데 먹을 음식을 보고도 먹을 마음이 안 든다.

진통이 5분 간격으로 오면 병원으로 오라는 담당의의 말대로 시간을 재고 있었던 기억, 첫 애기는 오래 걸린다는데 배가 든든해야 한다고 차려준 오므라이스를 보며, 책에서는 속을 비워야 한다고 하던데 하는 생각을 하면서도 주섬주섬 먹었던 기억, 몇 주 전부터 병원에 가져갈 가방은 준비되어 있어 바로 집을 나올 수는 있었는데 몇 번 병원까지 예행연습을 했는데도 한 번 돌아갔던 기억, 병원 도착해 열 시간 넘게 진통을 했다는데 식욕이 없을리 없는 상황이었다.

침대 식탁으로 가져온 쟁반에 놓여 있는 음식을 보다가 만져보지 않고 보기만 해도 알 수 있는 찬 오렌지주스와 바삭하게 잘 구운 베이컨, 그 옆에 빵, 거기까지 보고는 그냥 우두커니 앉아 있었던 것 같다. 평소에 특별히 가리는 것 없이 잘 먹던 사람인데 지금 그때를 생각해도 자신이 짠하다.

우리 조상님들의 지혜로움에 대한 찬사는 그때부터 지금도 이어지고 있다.

밥상에서 국의 역할을 중요하게 생각해 본 적 없이 지내던 사람이 아이 엄마가 된 뒤부터 지적을 받을 정도로 국을 선호하게 되었다. 나트륨 과잉 섭취 문제가 대두되고 관련 질환으로까지 이야기가 비약되면 부부 싸움의 위기까지 몰고 갈 것 같은 느낌이 들 때가 있다.

처음엔 아이들 아버지는 끼니때마다 취해야 할 채소 섭취량을 국 건더기도 한몫하게 드리고, 국물은 좋아하는 사람이 먹으니 집안이 손발이 맞는다고 우스갯소리를 했던 일이 심각한 문제로 바뀐 것이다. 차선책으로 간을 심심하게 해서 국물을 조금 양을 줄여 먹는 중이지만 식사에 국이 빠지는 일은 없다. 좋아하지도 않던 국을 이렇게까지 귀히 여기게 된 데에는 아마도 이유가 있을 것 같다는 생각이 든다. 나이 들면 식성이 변할 수도 있다지만 언젠가부터 유난히 미역국을 좋아하고 있는 자신을 보면 어쩌면 산후 뜨끈한 미역국을 먹어 보지 못해서 그럴 수도 있지 않을까 하는 생각도 든다.

살아가면서 옛날 우리 조상님들의 경험에 의한 지혜로만 여기기엔 설명이 부족한 일들이 나타난다. 현재의 과학·의학 지식까지 총망라한 지식과 지혜를 그 옛날에 어떻게 갖추셨을까 하는 의문이 드는 일 중 하나가 지금도 산후에 산모에게 먹이는 미역국이다.

산모뿐 아니라 신생아부터 성장기 어린이의 발육을 돕고, 연세 있으신 분의 골다공증 예방을 할 수 있는 전 연령층에 필요한 음식인 미역은 바다에서 자라는 최고의 채소로 단백질(산양유와 동일하게 들어 있음), 비타민, 식이섬유, 칼슘, 마그네슘, 철분, 카로틴, 요오드를 풍부하게 함유하고 있다고 한다.

전문인들의 정보를 종합해 보면,

- 칼슘, 마그네슘, 단백질 등 뼈를 튼튼하게 해주는 영양소를 고르게 함유하여 뼈와 치아 형성에 필요한 성분을 모유를 통해 아기에게 전달하고, 칼슘과 요오드가 풍부해 산후 산모의 자궁수축과 지혈을 돕는다. 아기와 산모에게 꼭 필요한 산후조리 식품이다.
- 알긴산이라는 식이섬유과 아미노산의 일종인 라미닌 성분이 풍부하여 피를 맑게 하고, 자신도 모르게 쌓인 인체에 해로운 중금속을 배출하는

해독작용을 한다.
- 산모의 건강이 빨리 회복되려면 노폐물을 자주 내보내 체내순환이 잘되어야 하는데 알긴산은 장의 운동을 활발히 해 배변을 쉽게 할 수 있게 하고 변비를 예방한다.
- 출산 뒤, 체중조절에도 미역은 100g당 18kcal로 열량이 낮아 비만 예방에 도움이 될 수 있다.'는 것이다.

조상님들의 현명함은 음식뿐만이 아니다.

아기 태어난 뒤, 3주 동안 대문에 금줄을 달아 집에 외부인 출입을 못 하게 하고, 모든 주위 사람들이 협조했다는 사실은 옛 어른들의 의식 수준도 엿볼 수 있다.

면역력이 약한 아기는 질병 감염, 배꼽 화농 등으로, 산모는 해산 후 하혈 등의 후유증으로 위험한 상태에 이르기 쉬웠으므로 금기사항을 정해 함께 지켰다는 것(집안 어른이신 할아버지도 초이레가 되어야 아기를 볼 수 있었다고 한다)은 옛 어른들의 현명함에 의학적 지식까지 포함된다는 것을 입증한다.

21일째인 세이레 날에 대문에 걸어 두었던 금줄을 걷어내고 마을 사람들과 친척들을 불러 대접하는 날을 모두가 기쁜 마음으로 기다렸을 것이다.

조상님들이 어떻게 산모에게 필요한 음식을 찾아내셨을까?

그 유래가 확실한지는 모르지만, 귀신고래(Gray Back, Gray Whale)와 관련이 있다고 한다.

예부터 고래잡이가 유명했던 울산 장생포에 국보 285호, 선사시대 유적인 '울산 반구대 암각화(바위그림)'에 고래 그림이 그려져 있다.

당시 흔했던 귀신고래들이 갓 낳은 새끼를 데리고 바닷가에서 미역을 뜯어 먹고 있는 것을 보고 그곳 어부들이 해산한 자기 아내에게 먹였던 것이 그 유래라고 전해온다.

오호츠크해와 동해(한국의 울산쪽)를 오가던 귀신고래는 일제 강점기부터 무차별적인 남획(濫獲)과 수질 오염으로 멸종 위기에 있고 지금은 캘리포니아(계) 귀신고래만 남아 있는데 캘리포니아 해안에서도 해산하면 미역국을 먹는 관습이 있다고 하니 신빙성 있게 들린다.

최근에는 '칼슘과 요오드가 풍부한 미역이 산후 자궁수축과 지혈의 역할을 돕는다'는 것이 과학적으로 입증되어 미국의 병원에서도 산후 건강식으로 미역국이 나온다고 하는 소식도 들린다.

우리 손녀들이 결혼해서 미국에서 출산을 해도 이제는 찬 오렌지 주스가 아닌 뜨끈한 미역국을 먹을 수 있을 것 같아 마음까지 따뜻해진다.

참고)

모든 생물체는 동물, 식물, 원생생물, 진균, 세균으로 나뉘어지는데 미역은 식물로 진화하기 전 단계인 원시식물로 원생생물이라고 전해지고 있다. 뿌리, 줄기, 잎이 발달 되어 있지 않아 뿌리는 있지만 영양분 흡수가 가능하지 않기 때문이다.

✳ 미역을 다루는 데 효율적인 방법

- 미역국에 절대 넣지 말아야 하는 음식은 '파'다. 파는 인과 유황이 다량 함유되어 있어 미역에 들어 있는 칼슘을 체내에 흡수하는 것을 방해하며, 미역과 파는 미네랄 성분이 많이 들어 있어 함께 섭취하면 소화 흡수를 떨어뜨리고 위장 장애를 일으킬 수 있다.
  간혹 미역국에 마늘을 넣지 않는 것이 좋다는 말이 있는데, 마늘은 개인의 선택으로 아이들이나 자극적인 것을 먹지 않아야 하는 분은 마늘을 넣지 않아도 된다. 마늘이 들어가면 맛도 진해지고 감칠맛도 더해지며 비릿한 맛도 잡아준다,
- 미역국과 함께 먹으면 좋은 음식은 달걀, 고기, 오이, 두부(두부의 사포닌 성분은 항암효과와 성인병 예방에 효과) 등이다.
- 식초를 소량 넣으면 미역에 들어 있는 칼슘 성분의 흡수율을 높여 준다.
- 국물이 뜨거울 때 간을 하지 않는다(짠맛은 식었을 때 강하게 느껴진다).
- 참기름이나 들기름은 발연점이 160도로 낮아 그 이상 올라가면 1급 발암물질이 생성되므로 고기, 미역을 볶을 시 발연점이 높은 기름을 사용해야 한다.
- 요오드의 경우 갑상선 호르몬을 만들어내기 때문에 필요 이상으로 많이 먹으면 갑상선 질환의 발병률을 높이게 된다는 연구 결과가 발표된 적이 있어 적당히 먹는 것이 좋다.

격세지감(隔世之感)

"와아! 맛있는 냄새!"

학교 수업과 운동 연습까지 마치고 일주일 일과를 완료했다는 들뜬 기분으로 집 현관에 들어서는 아이들 입에서 환호에 가까운 소리가 나온다. 저녁을 준비하고 있던 엄마의 얼굴에 저절로 미소가 보인다. 주중(週中)을 피하고 주말(週末)이 시작되는 금요일 저녁에 준비하는 음식은 항상 이런 환영을 받는다.

된장국에 김치찌개!

인종차별이 구석구석에 남아 있던 1970~80년대, 학령기 아이들이 있는 한국 가정에서는 음식에까지 신경을 쓰며 지냈었다.

기숙사에서 한국인 여대생이 룸메이트(room mate)로부터 '냄새 나는 검은 종이(김)는 방에서 먹지 말라'는 소리를 듣던 시절이다. 주말에만 먹던 '맛있는 냄새' 나는 음식은 중년이 된 아이들이 아직도 집에서나 식당에서나 최우선으로 꼽는 음식들이다.

주중 점심에, 현지인들이 대부분인 식당에서 김치찌개를 마음놓고 먹고 있는 아이들을 보면서 '격세지감'이란 단어를 생각한다.

'검은 종이' 먹다가 마음의 상처를 받았던 노년이 되었을 여대생도 대형마트 제일 좋은 위치 판매대에 온갖 자료로 만든 '김밥'이 한가득 손님을 기다리고 있는 것을 보면 나와 똑같이 같은 단어를 떠올릴 것이 분명하다.

강산이 다섯 번쯤 바뀌었을 세월을 보내면서 격세지감이란 단어를 이 음식(김치) 하나가 몇 번을 떠올리게 했는지 모른다.

큰 도시에나 있는 한국 가게에서 살 수 있었던 김치가 대형마트 '코스트코'에 운반해 온 큰 상자 그대로 진열장에 올려져 있을 때 얼마나 팔리면 이렇게 가져다 놓을까? 하면서 옛 생각을 했었고, 그 뒤에 국산 김치 수출관계자에 의해 미국에서 김치 소비의 70%는 현지인이라는 이야기를 듣고도 격세지감이란 단어를 떠올렸다.

미국 워싱턴 DC 의회 도서관에서 우리나라 '김치의 날'을 미국 정부 기념일로 제정하자는 결의안을 발의하면서 축하 행사를 했다고 하는 소식을 전한다(2023. 12. 6.).

미국 의회 도서관에 겉절이부터 김치로 만든 한국 음식들이 가득 차려졌다는 생각을 하는 것만으로도 가슴이 벅차다. 김치가 어떤 대접을

받던 음식이었는데 김치 열풍이 미국 연방의회까지 확대가 되다니, 역시 이것이 우리 국민의 역량이다.

우리나라에서는 2020년 11월 22일 '김치의 날'을 법정기념일로 지정했다. 김치 산업의 진흥과 김치 문화를 계승·발전하고 국민에게 김치의 영양적 가치와 중요성을 알리기 위해 대한민국 법정기념일 중 유일하게 음식이 주인공이 된 날이다.

김치 콘텐츠 통합 플랫폼(Kimchi Content Integration Platform)에 따르면 11월 22일을 '김치의 날'로 지정한 이유는 김치 재료 하나하나가 모여 22가지 이상의 효능을 만들어 낸다는 상징적 의미를 담았다고 한다.

해외에서도 김치가 각광을 받는 듯하더니 아르헨티나가 전 세계에서

첫 번째로 '김치의 날'을 국가적 차원에서 국가기념일로 제정한 나라가 되었다.

미국 캘리포니아주, 버지니아주, 뉴욕주, 미시간주, 워싱턴 DC 등 미국 내 10개 주와 시에서 '김치의 날'을 제정, 선포했고, 영국 런던 킹스턴구는 유럽에서 처음으로 '김치의 날'을 기념하고, 남미 브라질 상파울루시에서도 매년 기념하고 있다고 한다.

'김치의 날' 제정이 미국 전역으로 확산되어, 미국 연방정부는 2023년 12월 6일 '김치의 날' 결의안을 올려 채택할 것이라고 한다.

다른 나라의 특정 음식문화를 자신들의 법정기념일로 지정하는 이유는 '어느 국가든 다문화 공동체의 융화가 주요 과제인데 최근 자국에서 김치의 인기와 수요가 증가하는데다 여러 사람의 협력이 필요한 김장 품앗이가 공동체의 결속력을 강화하는데 중요한 기능을 한다는 점'을 높이 평가 받은 것이다(김치 콘텐츠 통합 플랫폼 : Kimchi Content Integration Platform).

'김치의 날'을 미국 정부 기념일로 제정하자는 결의안을 발의한 공화당 소속 한국계 '영 김' 하원의원은 결의안에서,

'올해(2023년)가 미주 한인 이민 120주년이자 한미 동맹 70주년이 되는 해로, 한국계 미국인들은 미국 커뮤니티를 대표하고 과학, 법률, 예술, 비즈니스 등 여러 분야에서 미국 사회에 없어서는 안 될 구성원으로 많은 공헌을 하고 있다. 2,000년 전 삼국시대부터 시작된 유구한 역사를 지닌 한국의 전통 요리인 김치는 건강의 긍정적인 효과가 입증된 프로바이오틱 식품으로 알려져 미국에서는 한국계가 아닌 미국인들 사이에서도 관심과 인기가 높아져 다문화 교류의 긍정적인 사례로 볼 수 있다.'

2013년 한국의 김치가 '유네스코 인류 무형 문화유산'으로 등재되면서 한국의 김치와 '김장' 문화를 공식적으로 인정 받았음을 입증했다.

김치는 채소를 발효시킨 식품으로 김치 재료나 숙성 조건에 따라 영양소의 변화가 다양하다.

주재료인 배추는 칼로리가 적고 수분이 많으며 저열량 식품에 당질과 지방질 함량이 낮고 식이섬유와 비타민이 풍부하다. 배추와 함께 무, 마늘, 생강, 고춧가루, 소금, 젓갈에는 칼슘, 인, 철분 등 무기질, 미네랄, 프로바이오틱스, 캡사이신, 진저롤, 엽록소 등이 포함되어 있다. 김치는 채소 발효식품으로 영양성과 기능성을 동시에 갖추고 있는 건강식품이다.

김치를 놓고 억지를 부리던 일본의 '기무치', 중국의 '파오차이' 등의 일을 겪으며 김치의 종주국이 대한민국임을 명확히 밝히려 노력한 결과,

국제식품규격위원회(ISO: International Organization for Standardization, 여러 나라의 표준제정단체 대표로 이루어진 표준화 기구로 국제적으로 두루 쓰는 표준을 만들고 보급하는 기구)에 국제표준으로 등록하고,

유네스코 인류 무형유산으로 등재하였으며,

CODEX(국제식품규격위원회)로부터 2001년 'Kimchi'라는 이름의 국제규격식품 공인을 받아 세계 각국의 절임류와 차별화된 자연적인 젖산 발효 식품인 우리나라 전통 김치의 특성을 확보함으로써 김치의 종주국이 대한민국임을 국제 사회에 알리게 되었다.

Data Bridge Market Research(데이터 브릿지 마켓 리서치)는 전 세계 소비자들이 김치는 대표적인 발효음식으로 질병을 예방하고 치료하는 데 도움이 되는 건강한 삶을 돕는 음식으로 인식하고 있다고 분석했다.

전문가들은 '전 세계적으로 한국 김치에 대한 수요가 매년 늘어나고 있다'며 '서양인들도 김치 맛에 익숙해져 가고 있고 건강 효과에 대해서도 긍정적으로 인식하고 있다'고 전한다.

이제 김치의 종주국은 대한민국임을 전 세계가 알게 되었고, 전 세계 소비자들이 대한민국의 김치를 건강식품으로 긍정적으로 인정하게 된 시점에서 채소 발효식품으로 영양성과 기능성을 동시에 갖추고 있는 건강식품인 우리 민족의 전통 음식을 전통에 맞게 만들어 지구촌 모든 사람이 누구나 접할 수 있는 문화식품으로 개발하자는 움직임이 시작되고 있다. 이를 위해 젊은 김치 소비층을 잡기 위한 시도에서부터 세계 모든 나라에서 '김치의 날'을 국가기념일로 제정하는데 힘을 기울이고

있는 것이다.

나아가 독특한 김치 문화로
의 김장을 하나의 축제, 문화
로 발전시키고 계승 발전시켜
야 한다는 움직임도 나타나고
있다.

모건 스탠리 리서치(Morgan
Stanley Researdh)의 최근 보고
서에 의하면,

'지난 20년간 한국의 대중문
화는 주요 수출품 중 하나가
되었고, 한국의 엔터테인먼트
콘텐츠에 대한 관심이 높아짐
에 따라 문화에 대한 호기심
도 증가해 한국 음식이 한류
의 한 자리를 차지하게 되었
다'고 전한다.

즉, 한국문화에 대한 관심이 높아지면서 K-pop, K-drama, K-beauty
등 K-culture가 K-food으로 관심을 옮겨가고 있다는 것이다.

그동안 K-culture는 전 세계 다양한 사람들에게 한국문화를 소개하고 이해를 도모해 온 K-culture 스타들의 활약이 K-food의 성장세를 뒷받침하였다는 뜻이다.

어떤 광고보다 영향이 크다고 하는 스타마케팅을 적극 활용해 국민과 정부, 기업이 함께 힘을 모아 K-food를 또 한 번 전 세계적인 새로운 한류로 발전시킬 것을 기대해 본다.

참고)

• 김치의 재료

1. 배추 : 설포라판(Sulforaphane) ; 항암, 항균.
2. 무 : 비타민C, 아밀레이스, 디아스타아제 등 소화효소 함유.
3. 마늘 : 알리신(Allicin) ; 살균, 항암, 혈액순환, 소화촉진.
4. 생강 : 진저롤(Gingerol) ; 항암, 소염, 항산화.
5. 고춧가루 : 캡사이신(Capsaicin) ; 살균, 항염, 지방분해.
6. 소금(천일염) : 칼슘, 칼륨, 마그네슘과 같은 미네랄 성분 함유.
7. 젓갈 : 소금에 절인 발효식품으로 김치가 발효되는 과정에서 유산균의 단백질 공급원이 되어 필수 아미노산 함량을 높임.

   이 밖에 항산화제 역할을 하는 성분인 폴리페놀(Polyphenol), 플라보노이드(Flavonoid), 클로로필(Chlorophyll), 비타민C 등이 들어 있다.

   모든 자료가 어우러지면서 수많은 유산균들은 각기 다른 발효 산물을 생성하여 김치의 다양한 효능과 맛을 낸다. 김치 재료가 되는 채소들은 항산화 성분이 풍부하여 인체 내의 정상 세포를 공격하는 유해 활성산소를 제거하고 세포나 조직의 산화를 방지하는 데에 효과가 있다.

• 김장 최적기 : 최저기온이 섭씨 0도 이하인 날이 지속되거나 하루 평균 기온이 4도 이하를 유지할 때가 김장 최적기. 11월 중반부터 12월 중순.

• 미국의 건강 전문 월간 잡지 〈헬스(Health Magazine)〉가 선정한 세계 5대 건강식품에 한국의 김치, 스페인의 올리브유, 일본의 낫토, 그리스의 요구르트. 인도의 렌틸콩이 선정되었다(2019. 10. 19. 이래운 특파원, 뉴욕 〈연합뉴스〉).

역사가 가장 오래된 조미료

감사한 마음이 든다.

팬데믹(pandemic) 기간, 외식을 피해 왔던 지인들과의 오랜만에 만난 첫 모임 밥상에 자신을 위해 누군가가 먹을 음식을 준비해 놓았다는 것이 고마워 모두 같은 마음을 이야기한다. 모두 감사하는 자리에서 혼자서만 부정적인 이야기를 꺼내기 미안해 한 가지 하고 싶은 말은 못했다.

외출도 가능한 한 자제하고 지내는 기간에도 정기 건강검진은 지켜야 했다. 내외가 번갈아서 다녀오는 병원 나들이 때마다 느끼는 건 아픈 사람이 안 아픈 사람보다 더 많은 건 아닌가 하는 것이다. 여기에 대한 답을 간단명료하게 하는 분을 보았다. 사람들의 스트레스를 풀어주어 건강에 도움을 주는 목적으로 강의를 하는 분이 '옛날에는 모두 일찍 죽었는데, 안 죽고 오래 살아서 그렇다'는 것이다. 젊은이들은 웃어버리고 스트레스가 풀렸을지 모르지만 나이든 사람은 생각이 많아진다.

가끔 옛 어른들 말씀이 생각나는 것은 자신이 그 어른들 나이가 되어 있거나 그때 그분들보다 더 나이가 들었기 때문일 것이다. 어른들이 하시던 말씀 중 '어제 다르고 오늘 다르다'는 말 속에는 나이 든 분의 건강 상태는 마음을 놓을 수 없이 언제 없던 증상이 나타날지 모른다는 뜻도 내포되어 있다. 우리에게는 없던 증상이 갑자기 나타나는 것으로 생각되지만 오랜 준비기간을 거쳤을 병들은 실제로 등장하기 전에 '경계치'라는 단어를 나이든 사람에게 전해 당황스럽게 만든다. 병의 경계치 끝머리에 병원에서는 본인들의 의사를 타진한다. 한 번 먹기 시작하면 평생 먹어야 한다는 '약'을 마다하고 음식으로 조절해 보겠노라고 단호히 약을 거절하는 분을 옆에서 지켜보며 누구를 믿고 저러실까? 하는 생각을 잠시 했었다.

그때부터 우리 집 음식은 맛으로 먹는 음식이 아니라 살기 위해 먹는 음식이 되어갔다. 이젠 적응 기간도 지나 별 이의(異意) 없이 지내고 있는데 오늘 오랜만의 외식으로 인해 잠시 생각이 흩어졌던 것 같다.

음식점에서 음식이 짜다는 소리를 안 하길 정말 잘했다. 문제가 음식점에 있었던 것이 아니고 우리 집에 있었던 것이기에.

양배추 물김치를 자주 담그는 편인데도 매번 신경이 쓰인다. 주인공인 양배추가 적당히 간이 배고도 사각거려야 하고, 거기다 간을 심심하게 해도 남의 집 물김치와 비슷한 맛은 나야 할 것 같아서다.

물김치에 들어가는 재료는 설탕(단맛) 대신 과일 갈아 놓았던 것을, 고춧가루는 물김치 색만 불그스레 내고 매운맛은 청양고추(매운맛)를 사용한다. 맛없는 물김치도 맛만 들면 신맛이 나 저절로 먹을만하게 되는데 짠맛은 소금을 대체할 조미료가 없다.

5미(五味) 중에 아주 쓴, 쓴맛만을 좋아하는 경우는 없어 쓴맛을 중화시키는 역할을 하는 조미료(설탕, 식초, 레몬주스, 간장, 허브)도 찾을 수 있는데 유일하게 짠맛을 내는 조미료는 소금밖에 없는 것이다.

후쿠시마 오염수 방류를 앞두고 소금 사재기 열풍으로 천일염 품귀현상이 나타나고 있음을 신문이 보도했을 때야 잊고 지냈던 소금이 짠맛을 내는 유일한 존재라는 것이 떠올라 잠시 혼란스러웠었다. 천일염이란 굵은소금은 옛날 규모가 큰 김장을 할 때처럼 많이 필요한 경우가 요즘엔 흔치 않다는 생각이 드는 것을 보니 소금 사재기에 동참하지 않겠다는 결론을 미리 내려놓고 있었나 보다.

우선 가지고 있는 온갖 종류의 소금을 정리하면서 다행스럽게 식품위생법에서 유통기한 표시 생략 기능식품으로 소금은 유통기한이 없다는 것이 생각난다. 단지 소금은 주변의 수분을 빨아들이는 경향이 있어 습기가 차지 않도록 바람이 잘 통하는 서늘한 곳에 보관해야 한다는 것 등 언제부터 알고 있었는지 모르지만 정확한 정보인지 확인을 해 봐야 할 것들이 생각난다.

시장에서 직접 구입한 소금은 천일염과 꽃소금 뿐인데 각 기관에서 사은품, 선물로 보내온 소금 중에는 육류(스테이크, 삼겹살), salad 등을 위한 것들이 사용하지 않은 채 그대로 있다. 소금에 허브 등을 넣어 그런지 여기에는 유효기간이 적혀 있다. 아이들이 보내온 소금 중에는 십 년 뒤까지 유효기간을 길게 잡아 적혀 있는 것도 보인다. 우리나라는 소금 광산이 거의 없어 암염이 나지 않지만 세계적으로 소금은 암염을 통해서 더 많이 얻어진다고 하더니, 아이들이 보내온 갈아서 쓰는 '히말라야 핑크솔트'도 사용하기 불편해 그대로 있다. 사용하지 않고 모아만 놓았던 소금까지 정리하면서 우리가 이런 위기를 겪으면서도 배우는 것도 있고 자신의 생활을 재점검하는 기회가 된다는 생각도 들었다.

정리를 끝내고 소금에 대해 알고 있던 정보도 확인하고 알아둬야 할 것들을 찾아보았다.

우리는 우리의 천일염이 제일 좋다는 생각으로 살아왔는데, 지중해 일대에서 우리보다 1,000여 년 앞서 개발하였고, 세계적으로 유명한 천일염은 프랑스의 '게랑드 소금'이라고 한다.

"소금은 천일염과 천일염을 가공한 정제염으로 분류한다.

천일염은 해수를 자연 그대로 바람과 햇빛만을 이용해(바닷물을 그대로 증발시켜) 만든 굵은소금으로, 별도의 가공 과정 없이 해당 지역의 바람과 기온에 따라 맛과 질이 결정된다. 염화나트륨 농도 80% 정도이며 마그네슘, 칼슘, 칼륨 등의 미네랄 성분이 많은 대신 해수에 섞인 불순물이 그대로 남아 있다.

정제염은 천일염을 불순물은 없애고 증발, 농축시킨 순수소금으로 염화나트륨 함량이 99%이며 미네랄 함량은 거의 없다.

맛소금은 정제염에 msg를 첨가해 만들고,

꽃소금(재제염)은 천일염을 물에 녹여 불순물을 제거한 뒤 다시 가열해 얻은 소금으로 위생적이고 가정에서 요리할 때 사용하는 소금이다."

소금을 통해 섭취하는 나트륨이 인체에 어떤 역할을 하는지에 대해 찾아보면서 나트륨은 우리 몸에서 없어서는 안될 우리 생명 유지에 필수적인 성분으로 우리 체내 모든 생리기능에 물 만큼이나 소중한 기본적인 필수 영양소라는 것을 알게 되었다.

우리가 음식을 통해 매일 섭취하는 소금은 식생활에 없어서는 안될 조미료 중의 하나이다. 나트륨(Na)과 염소(Cl)가 4:6의 비율로 구성되어 있어 소금 1g를 섭취하면 나트륨 약 400mg을 섭취하게 된다. 구성요소는 염화나트륨을 주성분으로 하여 수분, 칼슘, 마그네슘, 칼륨 등이 함유되어 있다.

우리 인체의 70%는 물이 차지하고 있으며, 혈액은 0.9%의 나트륨으로 채워져 있다

나트륨은 혈액, 세포액, 골격 등에 존재한다. 나트륨과 함께 칼륨, 칼슘, 마그네슘 등의 전해질들은 인체에서 다양한 생리적 기능을 수행하는데, 나트륨의 핵심 역할은 수분과 전해질 균형을 유지하는데 중요한 역할을 한다(나트륨 농도가 높아지면 체내에서 수분을 유지하려는 경향이 생기고, 낮아지면 수분이 체외로 배출되는 경향이 생겨 나트륨의 균형이 깨지면 수분균형도 깨지게 된다. 나트륨 농도가 일정한 수준 이하로 떨어지면 탈수, 혈액량 감소, 혈압 저하

등의 문제가 발생할 수 있다).

병원에서 기초수액제로 사용하는 '생리식염수'는 수분과 각종 전해질을 몸속에 공급하기 위해 탈수 증상이 생겨 전해질 보충이 필요할 때 사용되는, 환자의 수분 공급을 위한 0.9% 생리식염 주사액이다.

0.9%의 나트륨 농도는 산소를 운반하는 적혈구가 온몸에 산소를 원활하게 공급하도록 돕는다. 따라서 나트륨 농도를 일정하게 유지하기 위해 항상성을 유지하려고 하는 것이다.

나트륨은 혈액 및 체액 내의 산도(pH)를 적정 수준으로 유지해(혈액이나 체액의 산도(pH)를 약 알카리성(pH 7.4)으로 유지시킨다) 적정한 생리적 환경을 유지하지 않으면 (혈액과 체액 내의 pH가 크게 벗어나면) 생사가 위태로울 수도 있다.

나트륨은 신경 세포와 근육 세포의 전기적 신호를 전달하는 데 필요한 전해질 중 하나여서 신경 전달과 근육 수축에 중요한 역할을 한다.

이렇게 우리 몸에 중요한 역할을 하는 꼭 필요한 영양소인 나트륨을 홀대해 온 이유를 알아보고 올바른 섭취 방법을 찾아보면,

우리나라는 오래전부터 주식으로 곡류를 많이 섭취해 오면서 짠맛을 지닌 반찬을 선호해 왔다. 더구나 삼면이 바다에 접해 있어 쉽게 소금을 생산해 염장 식품들이 발달하여 젓갈, 소금에 절인 생선, 장아찌, 김

치 등 식염을 많이 사용하는 식품을 섭취해 온 것이다. 따라서 우리나라 사람들은 소금의 생리적 필요량인 약 0.5g보다 훨씬 많은 양인 하루 평균 15g 내외의 소금을 섭취하고 있는 것으로 보고되고 있다.

"혈액 내 나트륨이 많아지면 우리 몸의 혈관 내 혈액은 나트륨 농도를 0.9%로 맞추기 위해 체액 등에서 물을 끌어온다. 이로 인해 혈관 내 혈액의 양이 증가하며 혈관 벽에 가해지는 압력이 높아져 혈압을 상승시켜 고혈압으로 이어진다. 또한 나트륨이 많은 상태에서 신체는 혈액의 나트륨 농도를 조절하기 위해 혈관을 수축시키는 호르몬을 분비해 혈관이 좁아지고 혈액의 흐름이 제한되어 혈압이 상승할 수 있다(혈관 수축에 관여하는 부신수질호르몬인 노르에피네프린의 분비를 증가시켜 말초혈관저항을 상승시켜 고혈압을 유발).

따라서 과다한 나트륨 섭취는 혈압 상승의 위험을 증가시킬 수 있다는 것이다."

소금이 혈압을 높인다는 가설은 100년이 넘게 알려져 와 나트륨이 고혈압에 해롭다는 것은 알지만 소금 섭취 자체가 고혈압 원인이라고 보기는 힘들다고 한다. 단지 고혈압 환자는 저염식을 포함한 식단 조절이 필요하다는 것이다.

"자연식품 중 육류는 소금 함량이 비교적 높은 편이며 채소류와 과일류는 상대적으로 낮은 편이다. 자연식품에 함유된 소금의 양은 식품을 통해 섭취되는 소금 양의 약 10%에 지나지 않으며, 약 15%는 조리 과정에서 짠맛을 내기 위해 첨가된 것이고 나머지 75%에 해당하는 소금은 식품의 가공 과정 중에 첨가된 것이라고 한다. 따라서 채소, 과일류보다 육류를 많이 섭취할수록, 짠맛을 즐길수록, 가공식품을 많이 섭취할수록 소금의 섭취량은 증가한다고 볼 수 있다. 특히 가공식품이 식생활에서 차지하는 비율이 점차 증가하고 있는 점은 소금의 섭취와 관련하여 중요한 요인으로 작용할 것으로 보인다." (짜게 먹는 식습관은 후천적으로 형성된 것이므로 어릴 때부터 짜게 먹지 않도록 식습관에 신경을 쓸 필요가 있다).

나트륨이 결핍되면 단기적으로는 소화액의 분비가 부족하게 되어 식욕이 감퇴되고, 장기적으로는 정신 무력, 권태, 피로, 정신 불안 등 육체적, 정신적으로 기능 상실이 일어난다. 생명 유지의 관점에서 나트륨 과다보다 나트륨 부족은 인체에 더 치명적이며 사망 위험이 더 높다는 연구 결과도 있다고 한다.

그러나 나트륨이 부족할 걸 우려해 소금물을 섭취할 필요는 없다는 것이 전문가들의 입장이다. 먹는 소금물은 체내 염분 농도에 영향을 끼치지 않는다. 우리 몸에는 생리적 상태를 일정하게 유지하려는 인체 기능이 있어 우리가 먹은 것과는 상관없이 몸이 최적의 기능을 위해 알아서 0.9%의 농도를 맞춘다. 항상성이 깨져서 염분 농도가 떨어지는 원인은 특정 질환일 가능성이 높다. 나트륨은 필요한 만큼 사용되고 나머지는 신장을 통해 배출된다. 그러나 신장 기능에 문제가 생기면 나트륨 농도를 조절하지 못해 탈수나 부종이 발생할 수 있다. 가천대학교 길병원 가정의학과 고기동 교수는 '소금은 인체에 꼭 필요하지만 우리나라 사람들의 평균 섭취량을 고려했을 때 추가적으로 먹을 필요는 없다'고 한다.”

요약하면, 소금은 인체에 필수적인 무기질 식품이지만 필요 이상의 과다한 섭취나 지나친 염분 결핍은 건강에 치명적일 수 있다는 것이다.

사람마다 체격과 체중이 다르고, 하루 신체활동이 달라 땀을 흘리는 양도 다르고, 에너지를 쓰는 수준이 다른데 먹는 것을 기준으로 하루 권장량을 제시하는 것은 무리가 있다고 생각하는 전문가도 있다. 또 하루 권장 섭취량은 그보다 너무 많이 먹지 말라는 소리도 되지만 그보다 너무 적게 먹지도 말라는 소리이기도 하니 너무 과하지도 모자라지도 않게 적당히 먹는 것이 건강에 좋다는 뜻으로 이해하라고 하는 전문가도 있다.

음식을 간은 맞추어 맛있게, 지나치게 많이 먹지 않는다면 소금의 위험(나트륨 결핍, 나트륨 과다 섭취)으로부터 해방되면서 건강한 일상생활을 누릴 수 있을 것으로 이해하는 것이 좋을 것 같다.

참고 1)

"체내 나트륨이 부족한 상태에서 땀을 흘리게 되면 전해질 부족으로 세포에 에너지 전달이 제대로 되지 않으며 심하면 탈진, 탈수 현상이 일어난다. 나트륨은 체온 조절에도 중요한 역할을 하고 있다. 땀의 배출을 도와서 체온을 식히는가 하면 반대로 체온을 유지하고 올리는 상황에도 필요하다.

운동, 노동 강도가 높은 사람은 염분을 더 섭취해야 하는데 이는 염분이 땀으로 배출되기 때문이다. 공사장, 조선소, 공장 같이 땀흘려 일하는 곳에는 식염포도당을 제공하는 것이 좋다. 신체활동이 많은 군대 훈련소에서 국물까지 먹으라고 하는 경우는 국물에 소금 함유량이 많기 때문이다. 보디빌더 등 다이어트를 하는 경우 소금을 챙겨 먹는다."

참고 2)

"모든 생물은 어떤 수단으로든 소금을 섭취하며 살아간다. 육식동물은 먹이인 피와 고기에서 소금 성분을 섭취한다. 초식동물은 미네랄이 적은 풀을 주식으로 먹어 늘 소금이 부족하여 본능적으로 짠맛이 있는 물체를 찾아 섭취하는데 소금기가 있는 돌이나 흙을 빨아서 미네랄을 보충한다. 손에 소금을 얹어 소나 양이 핥게 하면 좋아하는 이유다.

초식동물들은 주식인 풀의 칼륨이 염분을 더욱 먹고 싶게 만들기 때문에 소금을 보면 본능적으로 먹으려는 경향이 있다. 아프리카에서 코끼리 같은 대형 초식동물이 대이동을 하는 경우 부족한 물과 초지 때문이기도 하지만 소금 때문에 이동하는 경우도 있다. 1년에 한 번은 암염이 있는 지역으로 가서 바위를 열심히 핥고 오는 동물도 많다."

• 생리식염수(saline solution)

인간 신체의 체액을 0.9% 염화나트륨 용액으로 가정하여 이와 동일하게
농도를 조정하여 제조한 등장액을 말한다. 일반 물과 달리 혈관 내에 직접
들어와도 삼투압의 변화를 일으키지 않기 때문에 링거 등을 통해 주입하
여도 쇼크 등의 증세가 나타나지 않는다.

　　병원에서 환자의 수분 섭취가 용이하지 않거나 심한 탈수 증세가 있을
때 식염수를 링거에 꽂아 환자에게 수분을 공급할 때 사용한다.(《위키백과
Wikipedia》)

일해백리(一害百利)

'엄마, 마늘장아찌 먹어도 되지요?'

언젠가부터 친정집엘 다니러 오는 딸들은 냉장고 청소부터 한다.

냉장고 안 귀퉁이에 자리만 차지하고 있는 시커먼 항아리 중에 낯익은 것을 보았나보다.

엄마가 좀 젊었을 땐, 검사당하는 기분이 들어 언짢아 '너희보단 깨끗할 거다'는 생각을 했었다.

아이들이 약속이나 한듯 친정에 오면 냉장고 청소 먼저 하는 것이 엄마를 도와주려는 일이 거기서부터 시작된다고 생각해서라는 것을 뒤늦게 알았다.

엄마는 아이들 외할머니를 모시고 있었던 올케 덕분에 오히려 친정에 가면 부엌 근처에는 얼씬도 안 하는 것이 친정 식구들 도와주는 거로 생각했었다.

아이들 결혼 전까지는 아이들한테 가면 첫 행사로 마늘장아찌 담아 나눠줬던 때가 있었다. 차례로 결혼하면서, '엄마, 마늘장아찌 안 먹는 집도 다 있어.' 하는 소리가 들리더니 그 뒤 차츰 찾는 아이가 없어 아이들한테 다니러 가서도 해줄 일이 줄어들었다고 한 지가 꽤 되었다.

막내네 아이들이 김치를 좋아한다고 했을 때는 우리나라에서도 학교 점심 급식 때 보면 김치 안 먹는 학생들이 꽤 있는데 외국에서 김치를 찾는다는 것만도 신통하고 고마운 생각이 들었었다. 부모가 좋아하는 음식은 자연히 상에 올라오게 되어 아이들까지 먹게 된 것 같다. 언젠가 막내네 집 냉장고에서 양파나 오이피클처럼 식초에 담겨 있는 마늘을 본 적이 있는데, 이젠 식구들이 모두 마늘 장아찌 맛을 알게 되었나 보다.

마늘은 독특한 냄새, 그것 하나만 빼고는 우리 몸에 100가지 이로움을 주는 음식이라 하여 일해백리(一害百利)라고 부르기도 한다는 엄마 설명을 듣다가 버터에 볶을 때 나는 마늘 냄새를 생각하는지 '마늘 냄새가 안 좋은 거냐?'고 반문한다.

사람이나 음식에 따라서, 안 좋아할 수도 있고 엄마처럼 독특한 톡 쏘는 매운맛 때문에 생으로는 못 먹는 사람들에게는 한 가지 안 좋은 면을 가진 식품이 된다. 그 외엔 좋은 성분을 많이 가지고 있는 이로운 식품이 마늘이라는 뜻이라고 설명을 끝낸다.

위가 안 좋은 사람은 생마늘에 들어 있는 매운맛을 내는 알리신 성분이 위벽을 자극하여 헐게 할 수도 있어 조심해야 한다. 마늘장아찌도 공복에는 먹지 않는 것이 좋을 것 같다는 것과 성인은 하루에 2~3쪽, 유아는 1/4쪽, 노인은 성인의 절반 정도 하루에 섭취할 것을 전문가들이 권하고 있다는 것도 딸에게 전했다.

엄마처럼 생마늘을 못 먹는 사람은 익혀서 먹어도 되는 이유는 열을 가하면 노화를 방지하는 항산화 물질 함량이 오히려 증가하고, 발암 억제 성분(S-알리시스테인)이 더 많이 생성되었다는 연구 결과가 있어 생으로 못 먹으면 익혀 먹어도 더 좋은 음식이 마늘이라는 것도 알려주었다.

우리나라에서는 단군 어머니 웅녀가 곰에서 인간으로 환생하게 된 것이 동굴에서 쑥과 함께 마늘을 먹고 100일을 빛을 보지 않고 견뎌냈기에 가능했다는 신화가 있을 정도로 마늘은 우리 민족에게 친근하게 다가오는 식품이다.

매서운 추위를 이겨내면서 얻어지는 마늘에 함유된 알리신(allicin)이란 성분은 해충과 곰팡이, 박테리아 등으로부터 마늘 스스로를 보호하는 역할을 한다. 또한 사람이 섭취하면 심혈관 건강, 항산화 효과, 항암 효과, 면역력 강화 등 건강에 이롭다.

마늘은 오래전 《동의보감》에서 '대산(大蒜)'이라 하여 독을 제거하고 면역을 높게 한다고 전해오고 있던 식품이다. 서양에서도 2002년 미국 〈타임(Time)〉 지(시사주간지)가 마늘을 세계 10대 건강식품으로 선정해 마늘이 다양한 효능을 가지고 있음을 과학적으로 밝혀 웰빙 식품으로 인정받게 된 듯하다.

멋모르고 따라 나섰던 'The Stinking Rose(악취 나는 장미)',
샌프란시스코의 이탈리안 마늘 레스토랑, 식당의 밖에서부터 실내 장식까지 마늘로 시작하여 음식과 후식(마늘 아이스크림)까지 마늘로 취할 수 있는 행복감을 최대한 제공하는 곳이다. 타국 사람에게까지 잊히지 않게 인상 깊은 기억을 남겨 준 것을 보면 냄새 하나로 많은 설움을 받던 마늘이 미국에서도 제자리를 확실히 잡은 것이 틀림없었다.

전에는 가정집에서 마늘을 낱개로 서너 개씩 사다가 음식할 때마다 껍질을 벗겨 사용했었는데 언젠가부터 우리나라처럼 마늘을 까서 비닐봉지에 제법 묵직하게 넣어 판매한다. 사용하는 사람, 사용하는 용도가 많아졌다는 뜻일 것이다.

아이들과 함께 시장을 가서도 버릇처럼 필자는 집주인(딸)에게 물어보지도 않고 묵직한 마늘 봉투를 집어 든다. 일거리를 만드는 엄마를 반길 수만은 없는 아이들 입장을 얼굴에서 확인하며 '장아찌는 안 만들 테니 걱정하지 마라.'고 혼잣말을 한다.

몇 년 전만 해도 껍질 까기 좋은 햇마늘이 나올 때가 되면 접으로 사서 반은 장아찌, 반은 갈아서 냉장실에, 냉동실에 넣어 놓아야 숙제를 푼 아이의 마음이 되곤 했었다. 이제 장아찌는 어쩌다 하게 되지만 여전히 마늘은 갈아 놔야 마음이 놓인다. 옛날 어려웠던 시절에 부인들이 쌀독에 쌀을 그득 채워 놔야 뿌듯했었다는 마음을 마늘이 그렇게 알게 해주었다. 무릎과 손가락 관절이 말썽을 부리지 않을 때까지는 거실에 신문지를 깔고 장갑도 안 끼고 손이 아려와도 두세 시간을 쪼그리고 앉아 마늘을 까곤 했다. 이제 와선 그런 일들까지 모두 병원엘 드나들게 된 원인이 된 듯하다는 생각이 들어 쉽게 살기로 마음을 먹게 한 마늘이다.

유기농이 아니라도 중국산만 아니면 된다는 생각으로 겉봉에 '국산'이라는 글만 확인하고 시장에서 까 놓은 마늘을 사기로 마음 먹은지 얼마 되지 않는다.

마늘을 깔 때 꼭지 쪽을 칼로 잘라내면 도려낸 면이 공기에 노출되어 빨리 산화되어 마늘의 맛과 향이 변할 수 있고, 일부 영양소도 감소할 수 있다고 한다. 그런데도 보관할 것만 마늘 끝을 남겨두고 갈아 놓고 쓸 것은 그냥 칼로 잘라내곤 했었다. 그런데 사 온 마늘은 모두 마늘 꼭지가 검은 딱지처럼 붙어 있다. 남이 먹을 음식인데도 신경 써서 다루느라 혹시 손톱으로 마늘 껍질을 벗긴 건 아닌지? 까느라 힘들었을 것 같아 마음이 개운하지가 않다.

내가 좀 편해 보겠다는 게으른 마음보가 남을 힘들게 하는 것이라는 반성을 하면서도 다시 마늘 꼭지를 떼어 내면서 마음속으로는 '그래도 이 정도라도 도움을 받는 것이 어디냐'는 이기적인 생각을 한다.

깐 마늘은 세척 기계에서 씻고, 식초 물에 담갔다가 몇 번 씻어서 물기를 뺀다. 물과 식초를 2:1 비율로 섞어 마늘을 넣고 그늘진 곳에 빛을 차단하고 1주일 간 실온에서 삭힌다. 영양가를 생각해서 그냥 마늘 삭힌 식초 물에 설탕, 간장을 같은 양을 넣고 한소끔 끓여 식혀서 마늘 용기에 부어둔다. 일주일 간격으로 두어 번 간장 물을 끓여 식혀 부어준다.

공을 들여 만들어도 상에 나올 땐 작은 종지(그릇)에 초라한 밑반찬으로 등장하는 것을 볼 때마다 어릴 때 껍질째 통마늘로 담아 나오던 장아찌가 떠오른다. 옆으로 반으로 잘라 나오는 꽃 모양의 장아찌는 밥상의 주인공이 되었었는데 마늘 껍질 세척에 자신이 없어 만들어 볼 엄두를 못 내고 지냈다.

아주 마늘 갈아 놓는 날을 잡아서 양껏 갈아 놓고 반찬, 국에 넣고 싶은 만큼 넣고 지낸다. 제사상에 올릴 나물에는 마늘 없이 소금과 깨소금, 기름만으로 만들지만 탕국은 제사 끝난 뒤 마늘을 넣고 다시 끓여 상에 올린다.

음식을 잘 아는 분들은 국에는 마늘을 나중에 넣어야지 텁텁해진다고 하지만 어떤 때는 잊어버리고 안 넣을 때가 있어 모든 음식에는 제일 먼저 넣고 본다. '마늘이 있는 식탁은 약국보다 낫다'는 말에 무조건 동의하는 것이다.

그러나 마늘은 건강에 다양한 이점을 제공하는 식품이지만, 과도하게 섭취하면 혈액 응고 방해, 소화기 장애 등의 해로운 영향을 미칠 수 있으므로 적당량 섭취하는 것이 중요하다는 것을 뒤늦게 알게 되었다.

마늘에 함유되어 있는 알리신이라는 성분이 혈소판 응집을 억제하는 효과가 있어 혈액 순환 개선에는 도움이 되지만(혈압을 낮추어 고혈압 환자에게 도움이 된다), 과도하게 섭취하면 출혈 위험을 증가시킬 수 있다.

특히 혈전용해제를 복용하는 경우, 마늘 섭취는 더욱 주의해야 하는데 마늘과 함께 복용하면 혈액 응고를 더욱 방해하여 출혈 위험을 크게 높일 수 있기 때문이다.

만약 혈전용해제를 복용하거나 외과 수술 예정이라면 마늘 섭취를 제한하거나 중단하는 것이 좋고, 소화기 질환이 있는 경우에도 마늘 섭취로 인해 위장 장애를 경험할 수 있으니 주의해야 한다.

일해백리(一害百利), 마늘이 가지고 있는 한 가지 흠!

마늘의 한 가지 해로운 점은 과도하게 섭취하면 혈액 응고를 방해할 수 있다는 것이었다.

마늘 추출물로 만든 건강기능 식품들이 혈중 콜레스테롤 개선, 혈압조절에 도움을 준다고 시중에 많이 나와 있는데 전문의와 상담 후 복용해야 할 것 같다.

가난한 자들의 의사

조선시대에 태어났으면 무난히 지낼 수 있었을 사람이 시대를 잘못 만나 혼자 고생하는 것도 모자라 주위 사람들에게도 폐를 끼친다고 농담을 하는 일이 자주 일어난다. 말년에 만나게 되는 기계들 때문에 혼자 힘으로는 해결을 못하고 번번이 도움을 청하고는 민망해서 하는 소리가 습관화되었다. 똑같은 말을 똑같은 분한테 하게 되는 것이 더 민망해 레퍼토리(repertory)라도 바꿔야겠다고 덧붙인다.

1968년에 computer라는 기계를 처음 만났다. 아이들 아버지 학위논문에 필요한 자료를 분석하기 위해 사용하였는데 학교에서도 개인적으로 할당된 시간에만 사용할 수 있었던 귀한 기계였다. 어느 때는 차례가 새벽에나 돌아와서 시간 맞추느라 잠을 설치기도 했던 흔하지 않았던 기계다. 그런 기계를 반백 년도 안 지나서 학생들도 한 손으로 들고 다니며 사용하게 되는가 했더니 이제는 모든 것이 이 기계를 다룰 줄 모르면 전부 멈춤인 시대가 되었다. 실생활에서도 병원 접수부터 휴게

소에서 식사 주문까지 참견을 한다. 갑자기 밀어닥치는 이런 변화가 나이 든 사람에게는 버겁다 못해 짜증스럽다. 이제는 밀려오는 대세를 거역할 수 없다는 걸 뒤늦게 깨닫고 발을 맞추려 어느 결에 긍정적으로 생각을 바꾸게 되었다. 사소한 살림 정보부터 온갖 질병과 약품 정보까지 어디서 그런 도움을 받을 수 있을지 생각하면 열심히 노력해서 기계와 친하게 지내는 수밖에 없게 된 것이다.

결혼하고 김치는 담가야 하는데 시장에 배추가 안 보인다. 여기서는 우리나라 배추를 구하기 힘드니 양배추를 사라고 옆에서 일러주어서 처음으로 양배추와 인연을 맺었다. 우리나라에서는 서로 인사를 나눈 적도 없는 양배추를 그렇게 만나 56년간 친숙하게 지내고 있다.

그런데 전혀 몰랐었다.

그들이 가난한 자들의 의사인 것을.

어쩔 수 없이 만난 사이인데 이제 와 보니 이들 양배추가 다른 나라에서는 오래전부터 '가난한 자들의 의사'라는 대우를 받을 만큼 칼륨, 칼슘, 비타민C, 비타민U 등이 풍부하고 열량이 적은 건강식품으로 대우를 받아왔나 보다.

그리스 철학자이자 수학자인 피타고라스는 양배추를 가리켜 '인간을 밝고 원기 있게 하며 마음을 가라앉히는 채소'라고 극찬했다고 하는데, 이런 정보까지 아직도 친숙한 사이가 되지 못해 짜증내며 지니고 다니는 컴퓨터 덕에 알게 된 것이다.

미국 시사주간지 〈타임(Time)〉 지에서 요거트, 올리브와 함께 세계 3대 장수식품으로 선정한 마이너스 칼로리 식품이 양배추라고 한다. 식품 자체 칼로리는 적은데 소화과정에서 손실되는 칼로리가 커 체내에 칼로리가 거의 남지 않는 식품으로 살이 빠지는 건 아니지만 흡수되는 칼로리가 다른 식품보다 적어 살이 잘 안 찌는 식품 중 하나라는 것이다. 샐러리, 오이, 브로콜리와 함께 양배추를 다이어트 식단에 추천하는 이유라고 한다.

"양배추는 부위별로 영양소 함유량이 달라 속으로 들어갈수록 영양성분이 높아진다. 양배추가 주목받는 이유는 위장을 튼튼하게 하는 비타민U가 풍부하기 때문인데 심지 부위에 특히 비타민U 성분이 많다. 그러나 단단하고 질겨 버려지지 않도록 살짝 찐 뒤 믹서기에 갈아서 주스로 만들어서라도 마셔야 할 것 같다.

양배추에 함유된 대부분 영양소는 열에 취약하기 때문에 샐러드, 즙, 주스 등으로 생식하는 것이 가장 좋고 가열할 때는 살짝 볶거나 데치는 것이 좋다. (www.chosun.com 2023. 01. 10.)."

몸에 이로운 영양소가 풍부한 양배추도 과하게 섭취하면 설사를 유발하거나 복용 중인 약물에 치명적인 영향을 끼칠 수 있다.

미국 라이너스폴링연구소의 연구 결과 많은 양의 양배추를 섭취할 경우,

- 갑상선 기능 저하증을 유발할 수 있다고 한다. 요오드 결핍이 있는 사람이 양배추를 많이 먹으면 갑상선 호르몬 부족 현상을 겪을 수 있다.
- 혈당 수치가 높다면 혈당 조절에 도움이 되지만, 저혈당으로 혈당이 낮을 경우는 지속적 섭취는 좋지 않다. 저혈당은 의식을 잃게 될 수도 있어 큰 수술을 앞둔 환자는 섭취량을 줄여야 한다.
- 혈전용해제(혈액을 묽게 하는 약) 복용환자는 혈액 응고를 돕는 비타민K가 함유되어 있는 양배추가 약물 효과에 방해를 줄 수 있다.

속 불편함을 대수롭지 않게 여기고 지내는 우리가 반드시 섭취해야 할 1순위 식품이 양배추라는 생각에는 변함이 없다. 그러나 복용하는 약에 치명적인 영향을 미치는 것을 피하기 위해서는 다른 모든 음식들과 마찬가지로 적당히 섭취하는 것을 항상 염두에 둬야 할 것 같다.

우리 집 양배추 물김치는 매일 아침상에 얼굴을 내민다.

작은 국자로 하나 정도로 입가심하는 역할이 고작이지만, 밥과 국이 없는 밥상에서도 개운함을 전해준다. 만약 이 작은 물김치 그릇이 상에 안 오르면 이 집안 여주인의 몸 상태가 안 좋아 준비를 못한 것이다. 만들기도 쉽지만 조금만 익으면 맛은 저절로 먹을만하게 들어 습관처럼 만들어 오고 있다.

그러나 양배추를 세척하는 일이 제일 큰 일거리다.

다른 음식물과 달리 양배추에 항산화 작용을 돕는 베타카로틴 성분이 식초의 유기산과 만나면 파괴되어 양배추는 식초로 세척을 하면 안 된다고 한다.

녹차 우린 물에 5분, 흐르는 물에 다시 씻어 물김치를 만들곤 했는데
자주 만들다 보니 작은 초음파 야채 세척기를 장만하기로 했다. 장난감
같아 사용할 때마다 언제 고장이 날지 조마조마하긴 하지만 일단은 한
숨 돌린 기분이다.

씻어 놓은 양배추, 오이와 파프리카를 썰어 소금 뿌려놓고
전날 감자 2개를 넣고 물을 끓여 식혀 놓은 것
먹다 남은 과일들 갈아 얼려 놓은 것 꺼내 놓고
고춧가루는 체에 받쳐 불그스름한 색의 국물만 만들고,
쪽파(고추), 마늘은 채썰어 놓고(갈아서 넣기도 함)

절여서 썻어 놓은 양배추, 오이에는 홍고추 조금 썰어 병에 넣어 놓고
다른 그릇에 양배추, 파프리카(빨갛고 노란색)를 넣고
감자 물에 과일 갈아 놓은 것, 고춧가루 국물, 파, 마늘 넣고 섞어
소금으로 간을 하고 아무것도 안 넣는다.

어릴 땐 물김치에 무와 당근, 오이와 당근들이 예뻐서 물김치에 손이
갔었는데 무와 당근을 함께 넣지 못하는 이유는 당근에 함유된 아스코
르비나아제가 무의 비타민C, 오이에 풍부한 비타민C를 파괴하기 때문
에 영양소 파괴 없이 먹고 싶다면 같이 먹는 것을 피해야 한다고 해서다
(당근은 비타민C가 풍부한 식품과 함께 먹지 않는 것이 좋다고 한다).

그래서 무, 당근 대신 양배추에 파프리카와 오이를 물김치에 넣었는
데 언젠가부터 오이에도 아스코르비나아제가 있어 비타민C가 풍부한
파프리카와 함께 먹으면 안 된다고 한다. 이 작은 기계(computer)가 없었
을 땐 모르고 지낸 일들이 자꾸 새롭게 알려오는 정보 때문에 혼자서
열심히 따라가며 산다고 생각하는데 결국은 숫제 가만히 있는 것만 못
한 일들을 벌일 때가 있다.

양배추와 파프리카를 넣을 땐, 오이 빼고 초록색 고추를 넣는다고 했
던 것이 아차하는 사이에 오이와 파프리카가 같이 들어 있는 물김치를
만들어 논 걸 보게 된다.

역시 조선시대에 살았어야 했던 사람이었나 보다고 기가 죽어 있는
데 부지런히 정보를 찾아주는 이 작은 기계가 걱정하지 말고 함께 먹어
도 된다고 이런 정보를 찾아준다.

"비타민C 하루 섭취 권장량은 100mg이며, 하루에 그만큼 섭취하려면 귤 2개, 사과 1개, 딸기 5개, 키위 1.5개 중에 하나만 섭취해도 되니 비타민C 섭취량이 부족할까 걱정은 안 해도 된다는 것이다."

비타민C 걱정하지 말고 다른 과일 먹어서 보충하고 마음 편히 물김치도 먹으라는 것이다.

이 작은 친구가 언제나 옆에서 도와주고 격려도 해주어 고맙기만 한데 너무 아는 것이 많아 만만치가 않아 가까움을 못 느끼는 것은 아닌지.

언젠가 능숙하게 이 친구를 다룰 수 있게 되면 맘껏 이쁨을 주고 싶은데 그날이 올지 모르겠다.

속담 바꾸기(울지 않는 애기부터 젖 주기)

'우리 엄마 맞어?'

아이들이 결혼하기 전에는 엄마가 어떤 일을 그르치면 누구든 서슴 없이 우스꽝스러운 표정을 지으며 '이 소리'를 날려 엄마의 무안함을 용 하게 덮어주며 넘기게 해 주었었다.

그리 친숙했던 말이 점점 듣는 것이 조심스러워지더니 언젠가부터 전화 통화할 때도 그 소리가 나올까 보아서 말을 가려 하게 된다. 나이 들어가는 아이들에 대한 예우 차원에서라기보다는 엄마 자신을 스스로 감싸려는 보호 본능이 작동하는 것 같아서 마음이 편치가 않곤 한다. 엄마가 누구한테 말하고 싶지 않은 일들도 돌아가며 다 들어주던 담당 자들이었는데 '바짓단을 한 단 줄였다'는 말도 못 꺼내고 있는 것이다.

갱년기라는 것이 관심을 끌기 시작할 즈음부터 여기저기서 읽고 들 은 기사, 책들까지 지인들과 서로 공유하며 온갖 상식을 다 갖췄다고 생각했었다.

우는 아이 젖 먼저 챙겨 먹인다는 우리 속담이 맞는가 보다는 생각을 변명이라고 하고 있다. 나이 들면서 여기저기 아픈 곳이 나타나는 것들을 챙기다 보니 아무 증상도 없이 병이 무거워지는 고약한 병도 있다는 걸 까맣게 잊고 있었다. 허리나 등에 미미한 통증이나 피로감은 항상 함께 지니고 살아서 그러려니 했었고, 골다공중에 관한 잡다한 지식은 생각도 안 하고 산 것이다. 키와 몸무게를 적어 넣어야 할 일이 생기면 평소에 알고 있는 수치를 그대로 적어 넣곤 하다가 오랜만에 키를 재보곤 그때야 정신이 들어 골밀도검사를 했다.

바지 허릿단을 한 단 접어 입기 시작한 지가 언제던가…….

이제야 생각이 난다.

'척추 26개가 각각 1mm씩만 줄어들어도 키가 2.6cm가 줄어든다'고 알려주었던 정보!

'우리 엄마 맞어?' 하는 소리가 귓가에서 울린다. 소 잃고 외양간 고치는 사람이 되어가면서 아이들에게도 조심스러워지는 일이 많아지는 것이다.

'골다공(骨多孔)'은 꽉 채워져 있어야 하는 뼈에 많은 구멍이 생겼다는 것.

골다공증(骨多孔症)은 뼈의 주성분인 칼슘이 빠져나가 정상적인 뼈에 비해 골밀도가 낮아져 구멍이 숭숭 뚫린 상태가 되어 있어 작은 충격에도 쉽게 부러지는 질환을 의미한다.

폐경, 노화, 뼈에 해로운 약물 사용이 원인이 되어 뼈가 많이 손실되고 약해져 경미한 충격에도 쉽게 골절이 일어나는 질환이라는 뜻이다. 서둘러 골다공증를 치료하기 위해 해야 할 일들을 정리해 본다.

골밀도를 높이는 것.
골 소실을 방지하여 현재의 골량을 유지하는 것.

골다공증을 예방하기 위해 진즉에 건강한 생활 습관으로 지니고 있어야 할 일들을 이제와서야 생각해 낸 것들이다.

- 뼈를 튼튼히 하는 칼슘이 풍부한 식품(두부, 콩제품, 치즈, 멸치, 우유, 연어, 달걀, 굴, 요구르트, 녹황색 채소)를 중심으로 균형 잡힌 음식 섭취.
- 음식은 싱겁게!(짜게 먹으면 나트륨이 소변으로 나갈 때 칼슘도 함께 배출), 카페인은 피함(칼슘 섭취를 방해).
- 운동은 몸 상태에 맞게 한 시간 이내 걷기와 실내 자전거, 뒤꿈치 운동(뼈의 생성에는 물리적인 자극이 필요하고, 근육을 키우게 되면 골 손실의 속도가 떨어진다고 함).
- 비타민D 영양제 섭취(1주 2회 약 15분 정도 햇볕을 쬐면 생성되는 비타민D가 칼슘 섭취를 돕는다고 하는데 여의치 않아 영양제로 대체).

골다공증의 궁극적 치료 목표는 골밀도를 높이고, 근본적으로 뼈가 부러지는 것을 막아 골다공증을 치료하고 골절을 예방하기 위한 것이므로 약물치료가 가장 효과적인 방법이라 하여 처방 약을 받았다.

몇 년째 함께했던 약을 오늘부터 끊었다.

어제 골다공증 검사 결과가 '-2.5'의 수치를 벗어났다는 원장님의 말씀과 골다공증 처방약을 6개월간 끊어보자는 제의를 받아들인 것이다.(2024.3.27.)

식이요법의 결과인 듯하다는 원장님 말씀에 그동안 잘 이끌어 주셨음에 감사드리는 마음을 전하지도 못했다.

앞으로 계속 유제품 칼슘 섭취와 적당한 운동과 일광욕도 함께 계속해 골 소실 예방에 신경을 써야 할 것이다. 정기적으로 골밀도 추적 검사도 잊지 말아야 한다.

앞으로 이 상태라도 잘 유지하며 조금씩이라도 나아지도록 노력해야 겠다는 다짐을 하면서도 한편으론 이미 키는 줄어든 상태라는 생각이 동시에 든다.

집 아이들이 '우리 엄마 맞아?' 하고 상을 찌푸릴까,

아니면 이만큼이라도 나아졌으니

'역시 우리 엄마 맞아.' 하며 달려와 엄마를 꼭 안아줄까 궁금하다.

흔히 나이 들어 골절, 골다공증 등이 걱정되어 먹는 음식 중에 사골

국이 있다. 사골국은 뼈 건강에 좋다고 알려져 있는데 생각보다 칼슘 함량이 적고, 칼슘 흡수를 방해할 수 있는 요인들이 있다는 걸 뒤늦게 야 알게 되었다.

우리 친정어머니의 특별식

외지에서 지내던 자식들이 집에 왔다 다시 돌아갈 때까지 한 번이라 도 곰국을 못 챙기셨으면 마음에 두시고 두고두고 말씀을 하셨다. 아무 것도 모르던 식구들은 덩달아 그만큼 귀한 음식으로 여겼었던 것 같다.

어머님 생전엔 음식 만드는 방법을 여쭤보면 좋아하셔서 가끔-휴대 폰이 없던 시절이라-편지로 여쭤보려면 오고가는데 열흘이 넘게 걸려 가며 가르침을 받았었다.

곰국은 만들기 어렵지 않으니 한 번에 많이 하지 말고 조금씩 해 먹 으라고 하시며 가르쳐주신 내용에는 처음으로 알게 된 내용도 있었다.

"물에 뼈를 담가 핏물 빼고, 재료가 잠길 만큼 물을 붓고 센불에 잠시 팔 팔 끓여 거무스름한 불순물이 나오면 삶은 물을 모두 버린다. 다시 냄비 에 물은 재료가 잠길 만큼 넉넉하게 부어준다. 불은 처음엔 센 불로, 끓기 시작하면 중불로 끓여 뽀얗게 될 때까지 끓여내고 다시 물을 부어 두어 번 더 우려낸다."

처음 끓인 물이 아까워 버리지 못할 것 같았는데 정말 불순물이 눈 에 보이니 안 버릴 수가 없었고, 뼈 재료뿐만 아니라 냄비에도 불순물들이 붙어 있어 물에 깨끗이 닦았던 기억이 난다.

어머니께 곰국 만드는 법을 여쭤보고 시장에서 공짜로 뼈를 얻어다 (1968년, 뼈만 사는 사람이 없었는지 먼저 공부하러 온 선배 부인이 개한테 주려고 한다고 하면 그냥 준다고 알려줘서) 몇 번인가 해 보곤 잊고 살았다.

아이들이 학교에 다닐 때쯤 거실에 난로를 들여놓았을 때, 큰 냄비에 소뼈를 넣고 난로 위에 놓으면 뽀얗게 국물이 우러나 두어 번 더 끓였다. 기름을 걷어내고 우유를 조금 넣어 다시 잠시 끓여서 파, 마늘을 넣고 소금과 후추를 뿌리면 훌륭한 곰국이 되었다.

어머니의 쉽다고 가르쳐주신 곰탕 만드는 방법보다 더 쉽게 우리 식으로 자주 곰국을 해서 어느 결에 아이들도 환영하는 음식이 되었었다.

지금도 타국에서, 중년이 된 막내딸이 가끔 혼자 설렁탕이나 곰탕을 사 먹는다고 하는 걸 보면 외할머니의 곰탕 사랑이 손녀에게까지 이어진 듯하다. 하지만 이제는 자주 먹지는 말라고 귀띔은 해 줘야 할 것 같다.

소뼈나 잡뼈을 푹 고아서 만든다고 곰국(곰탕)이라 한다고 알았는데, 2번 정도만 사골을 우려내야지 뼈에 구멍이 숭숭 날 때까지 너무 오랫동안 뼈를 고면 '인' 성분이 나와 칼슘 섭취를 방해한다는 것이다. 뼈를 튼튼하게 하려고 먹는 곰국이 도움이 안 된다는 이야기다.

곰국으로 소량의 단백질과 칼슘을 취할 수 있는데 비해, 지방과 콜레스테롤이 많은 음식이어서 심혈관질환(고혈압, 협심증, 심근경색), 고지혈증,

고혈압, 당뇨, 나이가 많거나 비만인 사람은 오랜 기간 계속해 먹는 것은 피해야 한다고 전문가들은 전한다.

물론 건강한 사람들은 괜찮겠지만, 어떤 음식이든 자주, 많이 먹는 것은 피해야 함을 딸에게 전해주려고 한다.

어머니 생전에 이런 사실을 알았더라면 한 번이라도 곰국을 더 챙겨주지 못해 마음을 쓰셨던 어머니께 말씀드렸을 텐데, 하는 생각을 가끔 하게 된다.

아마도 이해는 하셨을 테지만 어머니 마음은 여전히 개운치는 않으셨을 것이다.

반평생 속앓이 사연

'애기가 애기를 키우느라 고생한다'

처음으로 애기 엄마가 된 젊은 엄마들에게 친정에서 보내오는 편지에 자주 등장하는 글귀였다. 육아(育兒)에 대해선 겨우 책에서 읽은 정도의 지식만을 가진 젊은 엄마들은 주위에 기댈만한 사람도 없는 처지여서 끼리끼리 서로 도와가며 최선을 다해 애기를 키웠다. 애기 아빠들이 일과 공부를 하며 최선을 다해 애기 아빠 역할을 했던 것처럼.

사람이 다른 사람을 위해 즐거운 마음으로 스스로 해야 할 일을 찾아 힘든 줄 모르고 할 수 있다는 것이 신기하기만 하다면서 젊은 엄마들이 개발했던 애기를 위한 음식들.

그중 한 음식이 오랜 기간 마음을 졸이게 했었다가 애기가 중년이 되었을 때야 엄마가 죄인의 마음을 내려놓을 수 있었던 일이 있었다.

진갑(進甲)이 되셔서야 손주를 보시러 오신 친정어머님은 결혼 뒤, 보름 만에 떠나보낸 딸자식 옆에 초·중학생이 4명이나 있다는 것이 신기하기도 하고 대견하기도 하신 듯하셨다.

7살 된 막내는 할머니를 졸졸 따라다니며 집 안 안내인 노릇을 하는 듯하고, 11살 오빠는 수시로 할머니 방에 들러 '진지 잡수세요'라는 어려운 우리나라 말을 계속 연습해서 아래층을 몇 번씩 내려오시게 하는 등 작은 일들로 집 안을 떠들썩하게 만들었다.

한 달 계시는 동안 딱 한 번 어머니께 걱정을 들었던 일이 있다.

아이들 아빠 아침 식사 때 달걀노른자를 빼놓고 흰자만 먹는 걸 보시고 음식 버리면 '죄 받는다'는 말씀이셨다.

그즈음 초등학교에 들어가 여러 면에서 자신의 존재를 똑 부러지게 보여주던 막내는 달걀노른자를 빼고 먹으라는 엄마한테 '그걸 빼고 먹으면 무슨 맛으로 먹어?' 한마디하고는 그냥 먹어버리곤 하던 때다.

필자는 큰언니 어릴 때, 달걀로 인한 죄책감(?)이 있어 마음이 개운치 않은데 막내까지 같은 음식으로 신경을 쓰게 한다는 생각이 들던 참이다. 그런데도 아이를 상대로 설명할 길이 없었는데 이번엔 어머니도 같은 음식 문제를 말씀하시는 것이다.

1961년 AHA(미국심장협회)가 '콜레스테롤이 심장질환을 비롯한 성인병을 일으킬 수 있다'라고 발표했다. 발표 내용의 심각함이 일반 가정에 전해진 것이 1980년쯤 되어서였나 보다. 왜냐하면 그 전에 알았더라면 우리 아기를 위해 그런 이유식은 만들지 않았을 테니까.

모유를 먹이다가 이유식으로 넘어갈 때 음식을 안 먹으려 하는 아기 때문에 여러 가지 음식을 만들다 겨우 아기가 먹는 것을 찾았었다. 곰 국을 끓여 국물에다 달걀노른자를 잘 풀어 젖병 꼭지를 크게 뚫어 먹였 던 것이다. 1980년대에 들어서서야 우리 집에서도 본격적으로 달걀노른 자 배척이 시행되었고, 그때부터 엄마는 큰아이에게 달걀노른자를 오랜 기간 먹인 것이 걸려 죄인 같은 마음이었다. 영리한 이웃 친구는 어른들 에게 문제가 되는 일이지 영양소가 다 필요한 애기들에게는 해당이 되지 않을 것이라고 위로를 했지만 머리로는 그럴 것 같은데 마음은 아니었다.

한 엄마가 그런 마음으로 오랜 기간 아이를 키우고 있는데 '콜레스테 롤' 위험성을 발표한 이후, 50여 년이 지난 2015년 DGAC(미국 영양 관련 자문기구)는 "콜레스테롤은 과잉 섭취를 걱정할 영양소가 아니다. 식이 콜레스테롤 섭취와 혈중 콜레스테롤 사이에 뚜렷한 연관성이 없음을 보 여준다. 정상인이 하루 달걀 하나 정도를 섭취해도 심장병 발병 가능성 이 커지지 않는다. 다만 당뇨병, 심장혈관질환 환자는 콜레스테롤이 다 량 함유된 식품을 피해야 한다"고 발표한다. '하루 콜레스테롤 섭취량을 300mg으로 제한한다'는 콜레스테롤에 대한 경고를 철회하는 내용이다.

최근에는 달걀노른자를 버리고 흰자만 먹는 것은 득(得)보다 실(失)이 많다고 미국 건강 정보 사이트 〈Eat this, Not that!〉에서 달걀노른자 섭 취의 중요성(장점)을 다룬 내용이 나온다.

달걀노른자엔 건강한 지방 외에도 비타민 A, D, E, K와 6가지 비타민 B군이 함유돼 있고 미량의 미네랄, 특히 철, 아연을 제공한다고 전한다.

(www.hankyung.com 2021.09.08)

과학·의학의 발전으로 계속 알려지는 여러 분야의 새로운 정보는 끊임없이 나오는데 자신만의 안 좋은 경험으로 인해 새로운 연구 결과가 나와도 전적으로 믿고 따르지 못하고 지내게 되었다. 오늘도 눈에 띄는 기사는 이런 내용을 전한다.

미국 뉴욕주립대학교 시아오종 웬(Xiaozhong Wen) 박사팀은 지금까지는 어린이에게 두 번째로 흔한 식품 알레르기인 달걀 알레르기 예방을 위해 2~3세 때까지 달걀을 섭취하지 말 것을 권장해 왔는데, 이제는 생후 12개월 때 달걀을 자주 먹으면 6세가 된 후 달걀 알레르기 위험을 줄일 수 있다는 연구 결과를 영양학 분야 국제 학술지 〈Journal of Nutrition〉에 내놓았다.

(https://hankookilbo.com.2023.06.08)

음식을 포함해 어린이를 위한 실험 결과 발표는 시간이 걸리더라도 더욱 신중을 기해야 함을 발표자들이 더 잘 알고 있을 것이다. 전적으로 어른들(부모)의 손에 의해 자라는 어린이다. 잘못된 정보를 가진 어른 때문에 아무것도 모르는, 아무 잘못도 없는 아이들이 어떤 면으로든 피해를 보는 일은 없어야 할 것이다.

잘못된 음식을 먹였다는 오랜 죄책감에서 벗어나는 순간에도 또 '같은 문제가 다시 뒤집혀 발표될 수도 있을'지 몰라 과유불급(過猶不及)이란 단어는 어느 경우에든 명심해야 한다고 생각했다.

달걀이 비타민C를 제외하고는 사람에게 필요한 대부분의 영양소를 모두 가지고 있는 완전식품으로 모든 사람들에게 필수식품으로 알려져 있지만, 특별한 질환이 없어도 많이 섭취해서는 안 된다는 식으로 해석하며 살아가고 있다.

• "콜레스테롤은 과잉 섭취를 걱정할 영양소가 아니다."라고 DGAC(미국 영양 관련 자문기구)가 기존의 연구 결과를 뒤집었을 때, '식이 콜레스테롤과 혈중 콜레스테롤 사이의 직접적인 연관성을 찾아내지 못했다.' '달걀의 콜레스테롤은 혈중 콜레스테롤을 증가시키지 않는다.' '콜레스테롤 함량이 높은 식품을 섭취해도 이로 인해 혈중 콜레스테롤 수치가 바로 올라가진 않는다는 것이다'라는 부수적인 설명을 이해할 수 없었다.
믿어야 하는 사실인데도 이제는 돌다리 두드리는 모양새를 취하느라 나름 공부를 해 겨우 이해하게 된 것을 공유하려 한다.
'콜레스테롤은 음식을 통해 섭취되는 양은 20~30%정도이고, 우리가 필요로 하는 양의 약 70~80%는 간에서 포화지방으로부터 만들어진다. 음식을 통해 콜레스테롤을 전혀 섭취하지 않을 경우 오히려 필요로 하는 양의 콜레스테롤을 확보하기 위해 콜레스테롤의 섭취가 높을 때보다 더 많은 콜레스테롤을 생성한다. 반대로 음식을 통해 콜레스테롤을 많이 섭취할 경우 인체 내에서의 콜레스테롤의 합성은 저하된다.
혈중 콜레스테롤을 증가시키는 것은 포화지방산으로 구성된 동물성 고체 지방질(삼겹살, 갈비, 베이컨)이다.

비만자의 경우, 동물성 고체 지방질을 섭취하지 않더라도 체내의 축적된 지방질이 나쁜 LDL콜레스테롤로 전환되기 때문에 혈중 콜레스테롤 수치가 증가되어 고혈압, 동맥경화 등 심혈관질환을 일으킬 수 있으므

로 육류지방질 섭취를 제한하고 운동을 통해 체중을 조절하는 것이 급선무다.

나쁜 LDL콜레스테롤을 줄이는 방법은 육류 지방질을 줄이고, 체지방의 축적을 줄이는, 즉 비만을 방지하는 것이 중요하다. (https://hakookilbo.com 2014. 12. 23.)

• 닭을 생산 효율성만 생각하여 한정된 공간에 가둬 키우면 닭의 몸 안에 독소와 스트레스 등으로 병균에 쉽게 감염된다. 이를 방지하기 위해 항생제, 살균소독제를 뿌린다. 오염된 수입 사료에 방부제, 성장촉진제 등 첨가물까지 첨가되는데 오염물질이 흡수되면 완전히 배설되지 않고 체내에 쌓이게 된다.

제대로 된 사료와 환경에서 먹이고 키우는 생산지에서, 수탉의 정자를 강제로 주입하여 생산하는 달걀 대신 적절한 암수 비율을 두어 자연스럽게 생기는 유정란을 택하도록 한다(넓은 공간에서 방목되어 키워지는 닭들은 스트레스를 덜 받고 건강한 알을 낳는다).

달걀 껍질에 적혀 있는 산란일자(4자리), 생산자 고유번호(5자리), 사육환경번호(1자리)를 확인해서 (1-방사, 2-평사, 3-개선 케이지, 4-기존 케이지에서 자란 닭에서 난 달걀) 끝에 적혀 있는 사육환경번호 '1' 유정란을 구입하도록 한다(방사해서 키운 닭에서 낳은 달걀).

예) 이 달걀은 사육환경번호 '1'(방사에서 키운 닭이 낳은 달걀).

• 달걀을 신선하게 오래 보관하는 방법은 달걀 둥근 부분에 숨구멍이 있으므로 신선도를 유지하도록 달걀의 뾰족한 부분이 아래로 향하게 세워서 냉장고 안쪽에 보관한다.
달걀 껍질이 미세한 구멍으로 되어 있고, 껍질 안쪽의 보호막이 미생물의 침투를 막아 주는데 씻으면 세균이나 오염물질이 내부로 들어갈 수 있어 씻지 않아야 한다. 달걀을 다룬 뒤에는 꼭 손을 씻도록 한다.

• 달걀프라이 칼로리는 1개당 약 120kcal, 단백질 함량은 1개당 7g, 삶은 달걀 칼로리는 1개당 75~89kal, 단백질 함량은 1개당 7g.

• "달걀은 값싼 육류 대체식품으로 영양상태가 불량한 노인, 저소득층, 임신부, 영·유아, 다이어트 중인 사람, 양질의 단백질이 필요한 간 질환·신장 질환자에게 훌륭한 영양 공급원."(단국대 문현경 교수).

• 달걀 껍질은 일반쓰레기로 분류된다.

쿠바드증후군(Couvade syndrome)

오랜만에 혼자 인천공항을 빠져나왔다.

주위 사람들은 나이 든 사람이 아마도 설렘, 기대 그리고 혼자이기에 약간의 불안감은 가지고 여행을 떠나리라고 생각할지도 모른다.

고향에 사는 엄마가 타지에 사는 딸을 만나러 갈 때는 빨리 보고 싶은 마음뿐이지 다른 감정은 없을 것이다. 도착지에 딸이 시간 맞추어 엄마를 기다리고 있을 테니 불안하지도 않다

동네 시장을 둘러보러 나온 사람의 마음, 옷차림으로 모녀(母女)는 만나 일주일 정도 쉴새없이 말을 주고받다가 후련한 얼굴로 헤어진다. 그런데 이번 방문에서는 숙제를 안고 온 기분이다.

딸네가 도움을 드렸던 나이 드신 현지인한테서 받은 선물을 엄마가 가져갔으면 하는 눈치라 그냥 받아 온 것이다. 사실은 구하기도 힘든 귀한 것일텐데 본인(딸)은 다룰 줄을 몰라 엄두가 안 나고, 남을 주기는 아깝고 엄마는 어떻게든 해낼 것 같아서 넘기고 싶었을 것이다. 필자도 마른 해삼은 보기도 처음이고, 다뤄본 적도 없지만 '인터넷', '유튜브'만 믿

고 용감하게 받아 온 터라 좋은 결과를 보고해야 할 것 같아 빨리 숙제
를 해야했다.

'유튜브(YouTube)'에서 시키는 대로

1. 하루 물에 담귀 불린다.

2. 다음 날 물을 붓고 끓이다가 물이 끓기 시작하면 1분 이내에 바로 불을
끈다. 물이 식을 때까지 그대로 둔다. 물이 식으면서 해삼이 불게 된다. 물
이 끓는 것을 그대로 두면 해삼이 불어도 작게 불어 난다고 한다. 끓이고
식히기를 하루 2~3회 반복한다.

3. 3일째 끓이는 날, 충분히 식혀서 배 부분의 조금 갈라진 곳을 가위로
길게 오려 배에 있는 힘줄 등 지저분한 것들을 굵은소금으로 깨끗이 씻어
낸다. 정수기 물에 해삼이 잠길 정도로 넣어 냉장실에 넣어놓는다. 3시간
마다 물을 교체해 준다. 물을 자주 교체해 줘야 쑥쑥 불어난다. 아직도
해삼이 탄력이 많이 있으면 끓여서 식을 때까지 두었다가 씻어서 정수기
물을 부어 냉장고에 다시 보관한다. 자주 물을 교체한다. 해삼은 3일 이상
불리면 탄력이 줄어 요리했을 때 쫄깃한 맛이 없어진다. 불린 해삼은 요리
하기 좋게 포장해 냉동 보관해 녹여서 사용한다.

3일 이상 불리지 말라는 데 5일이 걸렸다. 생각했던 만큼 크기가 불
려진 것 같지는 않지만 부드러워져서 제 역할은 한다. 며칠 해삼에 신경
을 쓰면서 아마도 일손이 이렇게 많이 가서 해삼탕 가격이 비싼가 보다
는 생각을 하다가 오래전 일이 떠올랐다. 동네 중국집에서 해삼 다루는

데 양잿물을 사용했다는 소문이 나서 비싸기도 하지만 해삼탕은 멀리 했는데 그때는 어떻게 독극물을 사용했다는 것인지 알아볼 생각도 안 했다. 이제야 양잿물(가성소다)로 불린 해삼은 물로 불린 것보다 엄청나 게 크게 불어난다는 사실을 알게 된 것이다.

중국집에서 생해삼이 아닌 건해삼을 사용하는 이유는 생해삼은 물에 넣고 끓이면 졸여지면서 딱딱해져 먹을 수 없게 되기 때문이다. 그래서 익혀 먹으려면 반드시 불린 건해삼을 써야 한다고 한다. 우리가 먹어본 쫀득하고 말캉말캉한 해삼은 건해삼이라는 말이다.

해삼 요리가 비싼 이유는 생각했던 것처럼 해삼이 귀해서라기보다 재료를 준비하는 데 시간과 손이 많이 가기 때문이었다. 또한 생해삼보다 건해삼을 먹었을 때 흡수율이 더 높다는 것도 알게 되었다. 생해삼을 먹으면 흡수율이 63%인데, 건해삼을 먹으면 90% 이상 흡수율이 높아지고 단백질이 20배 정도 늘어나며 칼슘과 철분은 50배 정도 늘어난다고 한다.

생해삼을 먹는 것보다 건해삼을 먹는 것이 건강에 도움이 된다는 것이다. 생전 처음으로 공을 들여 준비한 해삼 요리는 아이들 아버지 미역 국 옆에 놓아 드려야겠다는 기특한 생각을 한 데는 사연이 있다.

결혼해서 겨우 외식을 안 하고 집에서 밥을 해 먹게 되었을 즈음이다. 학교 가면서 뜬금없이 '오늘 저녁, 된장국 먹자'는 소리와 동시에 문이 닫히는 소리가 들린다. 신기하게 된장의 아쉬움을 못 느끼고 몇 달을 지내 온 처지인데 학교를 중심으로 이뤄진 마을에 한국 식품점이 있을 리 없다. 마침 놀러온 선배 부인 덕분에 된장국을 끓이며 '옛날에 가난한 집으로 시집간 새댁이 이웃들에게 음식을 꾸어가며 연명했다'는 이야기가 생각난다. 학생한테 시집가더니 된장까지 빌려서 먹고 산다고 친구들에게 쓸 편지 재료가 생겼던 이야깃거리가 반백년도 훌쩍 넘어 힘들게 해삼 요리를 준비하며 떠오른다. 해삼 요리를 제일 먼저 잡숫게 해야겠다는 생각과 함께 건해삼이 그 옛날 미국에서 살던 시절을 떠오르게 하는 실마리를 제공한다.

비슷한 시기에 결혼을 한 또래 부인들이 모이면 고국에 계신 어른들이 손주 보고 싶어 하시는 이야기들이 화제다. 어른들이 기다리며 바라시는 소식을 전한 집 부인은 얼마 안 가서 입덧으로 동네 식구들까지 음식 조달에 협조를 해야 할 형편이 되게 만들곤 했다. 제철 음식이 아니더라도 구할 수 있는 것이면 어느 집에서라도 한 집에서는 도움을 줄 수도 있는데 우리나라 독특한 음식만 생각이 나는 경우도 있게 마련이다. 어떤 집은 애기 아빠 될 분이 회사를 못 나가고 부인을 지켜야 할 정도로 침대에서 일어나지도 못하거나 냉장고 근처도 못 가는 경우도 있어 여하튼 임신은 입덧이란 큰 관문을 무사히 통과해야 한다는 것으로 머리에 입력이 되었다.

차츰 우리 집안에서도 애기를 기다리시는 분위기가 묘하게 부담스러웠다. 이렇게 집안 한 사람은 심란한데, 한 사람은 안 하던 짓을 하기 시작해 신경을 쓰이게 만든다. 음식 만드는 것도 찬찬히 잘 가르쳐 주던 분이 부엌엔 들어갈 생각을 안 하고 뭘 해 먹자는 소리가 늘어나는 것이다. 모르니 배운다는 생각으로 하라는 대로 하면서도 일을 하다 보면 옆에서 다 가르쳐주고 서 있으면서 직접 해 먹는 것이 빠를 텐데 싫기도 해 짜증이 날 때도 생긴다. 부인들과 '요즘 뭘 해 먹느냐'는 정보 교환 차원에서 이야기들을 할 때, 별로 특별히 해 먹는 것도 없고 그때그때 '꼭 꼬집어서 무얼 해 먹자고 해서 우린 메뉴 걱정 안 한다'고 했다. 농담 잘하는 부인이 '바깥 분이 임신하셨나?' 해서 모두 웃고 넘어간 일도 있었다.

그리고 얼마 뒤에 어른들께 기다리시던 기쁜 소식을 전해드렸는데 그때까지도 나타났어야 하는 입덧이 없었다.

계산해 보면 아이들 아빠가 처음 '된장국 먹자고' 했을 때가 입덧을 시작했어야 하는 시기였는데, 그때 입덧을 했었더라면 남들 부러워하지 않고 마음은 편안히 지낼 수 있었을 텐데 하는 생각이 들기도 했다. 그동안 밥때가 되면 뭘 해 먹자고 애기 아빠의 버릇 같이 되어 버렸던 요구사항이 어느 결에 나타나지 않아 우리 집은 입덧을 옆에서 한 것 같다고 우리끼리는 농담을 했지만 남 앞에서는 말도 못 꺼냈었다.

애기 아빠가 된 분들 중에 대신 입덧을 했다는 소릴 주위에서 들은 적도 없어 친정에도 말을 하지 못했다. 만약 동네에 입이 걸어서 못 하는 말이 없으신 분이 우리 이야기를 전해 들었다면 '남 안 낳는 애기를 가졌나 젊은것들이 놀고 있다'고 하셨을 것이다.

오십 년이 지난 뒤, 인터넷에 '쿠바드증후군(Couvade syndrome)'이란 단어가 등장한다.

"전 세계 다양한 문화권에서 여러 형태로 관찰되고 있는 '쿠바드증후군'은 예비 아빠가 임신한 아내와 비슷한 심리적·신체적 증상을 경험하는 것으로 원인은 페로몬, 신체의 생리주기, 스트레스와 관련 있다는 설이 있으며, 심리적인 변화나 호르몬의 변화에 따라 신체가 반응하는 것이라는 이론도 있다."

"공감 임신이라고도 하는데 예비 아빠가 아내의 임신에 깊이 공감하여 예비 엄마와 비슷한 증상이 나타나는 것이 입덧으로 나타나며, 피로감, 불안감, 통증 등 초기 임신부에게 잘 나타나는 증상이 예비 아빠에게 나타나는 것이다. 명확한 원인은 밝히지 못했으나 출산에 대한 부담감과 아내에게 감정을 이입하는 심리작용이 원인이 될 것이라고 추측하고 있다."

위와 같은 내용의 기사를 보며 기분이 묘했다.

특별히 애처가도 아닌 것 같은 분인데 그래도 '뭔가 남다른 면이 있으니 그런 증상이 나타났었겠지'라고 믿고 싶은 것이다.

해삼과 연관된 일은 입덧이라는 것은 몰랐던 사람이 둘째아이 해산 달에 갑자기 귀국할 일이 생겨 비행기에서 내리는 길로 아서원(중국집)으로 가자고 해 해삼탕을 찾았던 기억이 난다. 어떻게 하든 할 수 있는 것은 해주

려고 마음 썼던 분이 '쿠바드증후군' 경험까지 했다는 생각이 겹쳐 아침 상에 조촐하게 올리려던 해삼 요리를 점심에 여러 지인들 앞에 커다란 그릇에 담아내었다.

과일과 차에 대한 귀띔

집에서나 식당에서 식사 뒤에 후식은 대개 과일과 차, 커피가 나온다. 오래전부터 생활화되어 신경을 쓰지 않고 지내던 것이 요즘 사회 분위기가 건강에 관심을 두게 되면서 알려주는 정보들 때문에 집안 식구들을 피곤하게 하는 경우가 있다.

가족 대화방에 과일은 공복이나 식전에 먹고, 차는 식사 뒤 20~30분, 커피는 1시간 정도 지난 뒤에 마시는 것이 좋다고 전했는데도 아이들 집에 가 보면 자기들 마음대로다. 일어나자마자 차와 커피를 식탁에 올려 엄마도 함께 마시게 한다.

내가 이 분야에 전문가가 아니니 전문가들의 의견을 모아 종합한 것이라도 알려주면 집안 아이들이 관심이라도 보일 것 같아 아이들에게 보낼 내용을 가능한 한 간결하게 정리를 했다. 먼저 과일은 공복이나 식전에 먹어야 하는 이유를 알리려고 정리한 내용이다.

• 과일에 대한 정보

"대부분의 음식물은 음식 종류, 섭취량, 건강 상태에 따라 위에서 2~8시간 정도의 소화과정을 거쳐야 하는데 과일은 섭취 뒤 20~30분 정도면 위를 통과해 소장에서 소화 흡수된다. 식사 뒤 후식으로 과일을 먹으면 앞서 먹은 음식들이 위에 남아 소화되는 중이기 때문에 위를 통과하지 못한다. 오래 머물러도 소화가 되지 않고 과일의 당이 발효하면서 가스를 발생시켜 속을 더부룩하게 만든다. 또한 과일에 풍부한 타닌산은 대다수 음식에 포함된 단백질과 합쳐지게 되면 소화를 방해해 소화불량 등 문제를 일으키며 칼슘의 흡수를 막는다."

과일을 식사 뒤에 바로 먹는 것은 췌장에도 무리를 준다. 췌장은 음식물이 몸에 들어오면 인슐린을 분비한다. 식후 들어온 과일 때문에 췌장은 다시 인슐린을 분비해야 하므로 반복되는 췌장의 과부하는 당뇨병을 유발할 수 있다."

그러나 식사 1시간 전에 과일을 먹으면 영양 흡수율이 높아지고 포만감으로 식사량이 줄어 다이어트 효과까지 볼 수 있다. 식후 3~4시간 정도 지난 다음에 과일을 섭취하면 혈당수치가 식사 전으로 되돌아가 있을 때여서 췌장이 다시 인슐린을 분비해도 부담스럽지 않은 시간이 된다. 따라서 바른 과일 섭취 방법은 식사하기 1시간 전이나 식사 후 3~4시간 정도 지난 다음이 적절한 시간으로 음식이 소화되고 배가 고파질 때 간식으로 섭취하는 게 좋다.

• 차에 대한 정보

차는 식사 뒤 20~30분 뒤에 마시는 것을 권한다.

찻잎에 함유되어 있는 탄닌이 철분, 단백질과 함께 응고될 수 있기 때문에 영양성분이 어느 정도 흡수된 뒤인 식후 30분 뒤에 마시는 것이 좋다.

오랜 다도 문화를 가지고 있는 중국에서는 옛날부터 '공심차(空心茶)를 마시지 않는다'는 말이 있다고 한다.

차를 마실 때 피해야 하는 것은 뜨거운 차(섭씨 60도를 초과하지 않는 온도), 차가운 차(섭씨 0도 이하의 찬 차), 진하게 우린 차, 식후 바로 먹는 차, 여러 번 우린 차, 우려낸 뒤 시간이 오래된 차, 너무 신선한 차(첫 잎을 딴지 얼마되지 않은 차는 인체에 유해한 물질이 있을 수 있다고 한다) 등이다.

• 커피에 관한 정보

아침 공복에는 커피의 카페인이 위 점막을 해칠 수 있어 비타민U가 풍부한 양배추나 달걀 등으로 위를 채운 뒤 커피를 마시는 것이 좋다.

식사 직후 마시는 경우도 빈혈 증상이 있는 사람에게는 커피 속의 '탄닌' 성분이 섭취한 음식의 철분 성분의 흡수를 방해하기 때문에 식사 1시간 정도 지난 뒤에 마시는 것이 좋다.

또한 식사 직후 커피를 마시면 카페인이 혈당을 올리고 혈당을 조절하는 인슐린의 활동을 방해할 수 있다.

식후 1시간 이내에는 커피뿐 아니라 카페인이 있는 녹차, 홍차도 마시지 않는 것이 좋다(혈당 관리를 해야 하는 사람의 경우).

아침에 뇌를 깨우는 호르몬인 코르티솔이 분비되는데 여기에 카페인까지 섭취하게 되면 과도한 각성 상태로 두통, 속쓰림, 두근거림 등이 나타날 수 있다.

커피는 이뇨 작용을 촉진해 소변을 자주 볼 수 있는데, 소변으로 칼슘 배출을 늘려 골다공증을 악화시킬 수 있다(뼈 건강이 나빠진 사람은 커피를 절제하는 것이 좋다).

커피는 물이 아니고 오히려 몸속에서 수분 부족을 일으킬 수 있어 커피를 좋아하면 맹물도 자주 마셔야 한다. 녹차, 홍차도 커피보다는 적지만 카페인이 들어있어 많이 마실수록 수분 보충을 따로 해야 한다.

"커피는 각성 효과가 8시간가량 지속되기 때문에 카페인의 영향을 받지 않고 숙면을 취하려면 밤 12시경에 잠자리에 드는 사람은 오후 3시 이전, 더 일찍 자는 사람은 오후 2시 뒤에는 커피를 마시지 않는 것이 좋다."

나이 든 부모들은 잘 알고 있다.

식구들보다 본인 건강을 챙기는 것이 이제는 식구들 도와주는 길이라는 것을. 친구들 간에는 부모보다 똑똑한 자식들 걱정은 하지 말자고들 하면서도 그것이 잘 안 되어 사소한 것까지 신경이 쓰인다.

엄마의 말은 일종의 잔소리로 흘려 들었겠지만 전문가들의 조사 연구, 실험 등을 거쳐 내린 결론임을 강조하여 문자를 보냈기에 앞으로는 긍정적인 변화가 있으리라는 기대를 걸어본다.

언젠가 모임에서 지인 한 분이 '이제 우리는 우아하게 앉아 책을 보며 차라도 즐겨야 할 나이' 라고 했었다.

Slow Life를 즐길 나이가 되었으니 차라도 느긋이 마시며 생활을 즐겨야 한다는 이야기을 듣고 있는데 어쩐지 이제는 그런 여유로움이 체질에 안 맞는 것 같은 생각이 들었다.

살아오면서 일상에서 벗어나 차의 맛과 향만을 음미하며 속내를 보일 수 있는 누군가와 담소를 나누는 시간을 갖는다는 것도 가능한 일이 아니었고 자신이 애써 노력하지도 않았기에 자연스럽게 체질도 변해버렸는지도 모른다.

퇴직을 한 뒤에도 물병처럼 커다란 찻잔을 들고 다니며 마시다가 어디다 두고 왔는지를 몰라 다시 오던 데로 되짚어 가서 찾아 들고 오면서도 한두 번 그런 것이 아니어서 투덜거리지도 않는 그런 나이 든 사람이 되어 있는 것이다.

이런 자기네 엄마를 두고 딸아이들은 차를 엄마의 기호식품으로 알고 있는 듯하다. 때맞춰 엄마 앞으로 오는 차들이 쌓여 유효기간을 신경 써야 하는 일도 일거리의 하나가 된지 오래다.

오랜만에 엄마가 아이들 집을 방문하면 으레 찻집 예약을 해 놓는다. 얼마 동안은 엄마는 속으로 '이 가격으로 밥을 한 번 더 먹지'하는 생각을 했던 걸 아이들은 모를 것이다.

지역마다 찻집들의 운영 방법이 다른 것 같지만 몇 시간 뒤에 찻집을 나올 때는 누군가로부터 귀한 사람으로 대접을 받은 것 같은 따뜻함을 지니고 나오곤 한다. 그런 소중한 느낌을 억지스럽게 부정하려는 속마음을 내보이지는 않아도 그리 즐기는 것 같지도 않은 엄마의 모습을 보며 어쩌면 아이들은 섭섭했을지도 모른다.

찻집 나들이에 웬만큼 익숙해진 어느 휴가철에 들렀던 옛 고궁을 개조한 크지 않은 찻집, 먼저 자리 잡고 있었던 곱게 나이 든 할머니와 하얀 드레스에 하얀 긴 리본으로 머리를 곱게 딴 두 어린 손녀가 조용조용 이야기하는 모습을 보게 되었다. 주중 오후에 고객이라고는 우리와 그 할머니 식구들이 전부였다.

나이 드신 접대하시는 분들의 옛 예복이 어울리게 찻집은 예의범절을 몸소 가르치는 분위기였다. 면구스러울 정도로 일정한 거리를 두고 서서 정중하게 거들어주는 차 대접을 받으며, 마주 보이는 할머니 식구들을 보면서 처음으로 고집스럽던 차에 대한 생각을 수정하게 되었다. 손녀들의 인정을 받으며 한 집안의 어른 역할을 하시는 할머니의 모습을 통해 가정교육이라는 어려운 일도 왠지 이 집안에서는 잘 이뤄지고 있을 것만 같은 생각이 들었다.

차를 마시기 위한 티 테이블(tea table)에 한 잔의 차가 올라올 때까지 찻잎을 말리고, 발효 과정을 거치고 필요에 따라 여러 찻잎을 섞거나 향을 입히는 등 긴 과정을 거쳐 찻잎은 만들어졌을 것이다. 다도(茶道), 다례(茶禮)라는 의식에 따라 예를 갖춰 찻잎에 따뜻한 물을 붓고 찻잎에서 차(茶)가 우러나는 기다림의 시간을 가지면서 차는 사교의 음료 역할을 하기도 하고, 찻집은 어린 손녀들의 상담이나 가정교육의 장이 될 수도 있겠다는 생각을 했다.

나라마다 그 나라 사람들이 즐겨 마시는 음료가 다양한 것 같다.

동아시아에서는 수천 년 동안 녹차를 마셔 왔으며, 프랑스와 독일 같은 유럽 국가들은 커피를 즐겨 마시는데, 유럽 국가들 중 유일하게 차를 전통적으로 즐겨 마시는 나라는 영국이다.

"애프터눈 티(Afternoon tea)만큼 삶에서 기분 좋은 의식이 있을까?" 라고 했던 영국의 소설가 헨리 제임스.

중국에서 기원한 문화지만 영국인들은 차 마시는 것을 하나의 문화로 만들었다. 오후 2시에서 5시 사이, 플로럴(floral) 장식으로 만든 찻잔에 우윳빛이 도는 진한 차를 디저트와 함께 먹는 애프터눈 티.

영국에서는 차에 우유를 꼭 넣는데 차의 향이 충분히 우러나왔는지 확인한 뒤, 우유를 취향에 따라 넣는다고 한다.

첫 코스는 savory, 샌드위치, 두 번째 코스는 스콘에 딸기잼(과일잼), 마지막 단계는 케이크나 컵케이크(cup cake) 같은 디저트로 마무리를 하여 차 마시는 시간을 끝낸다.

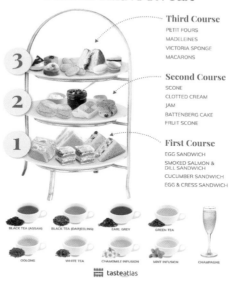

FULL AFTERNOON TEA

Third Course
PETIT FOURS
MADELEINES
VICTORIA SPONGE
MACARONS

Second Course
SCONE
CLOTTED CREAM
JAM
BATTENBERG CAKE
FRUIT SCONE

First Course
EGG SANDWICH
SMOKED SALMON &
DILL SANDWICH
CUCUMBER SANDWICH
EGG & CRESS SANDWICH

BLACK TEA (ASSAM)　BLACK TEA (DARJEELING)　EARL GREY　GREEN TEA

OOLONG　WHITE TEA　CHAMOMILE INFUSION　MINT INFUSION　CHAMPAGNE

tasteatlas

어떤 이는 영국이 이토록 발전할 수 있었던 이유 중 하나는 지인들과 일과 중 휴식을 짧게나마 가지고 나면 일에 더 집중할 수 있었던 Afternoon tea 문화 때문이라고 한다. (www.mindgil.com)

'음식'을 섭취하는 것이 육신을 잘 지탱하기 위해서라고 한다면 '차'는 정신을 잘 지탱하기 위한 것이라고 할 수 있을 것이다.

차 한 잔의 여유가 휴식과 편안함을 주어 지쳐 있는 심신을 건강하게 이끌고 그런 결과들이 결국은 나라 발전에 기여할 수 있다는 기발한 생각에 수긍이 간다.

할머니와 손녀들부터 모든 분야 사람들 간의 차 문화 속에서의 짧은 만남이 가정과 사회, 국가에 긍정적인 영향을 미친다는 뜻이다.

이시형 박사의 주장처럼 현대인들은 '느리고 단순한 삶(slow life)'을 동경한다는 것에 동의하지 않는 사람이어서 차와의 시간을 갖는 것에 별 관심이 없지만, 국가 발전에 1도 공헌한 바가 없는 사람이 할 수 있는 일이 여기에 있을 것 같다.

slow life를 쓰지 신이치가 말한대로 '나만의 신체리듬을 따르는 삶, 내 본성에 따라 사는 삶, 나답게 사는 삶'으로 해석하면서 지인들과 식사 뒤 찾는 찻집을 내키지 않아 했었는데 이제 더 이상 불평하지 말고 묵묵히 따라갈 것이다. 자신은 차가 아닌 우유를 주문하더라도 지인들이 각자 차를 즐기며 유익한 시간을 가질 수 있도록 응원하려고 한다. 그 결과가 어떤 면에서든 본인이나 가정, 사회와 국가에 좋은 결실을 맺을 수 있기를 바라는 마음이다.

• 숙면을 돕는 차

- 녹차 : 카페인 함량이 낮아 몸에서 대부분 빠르게 배출되며 스트레스 해소와 신경 안정에 효과가 있어 수면의 질을 개선하고 숙면을 취하는 데 도움을 줌.
- 루이보스차 : 철, 미네랄 성분이 풍부해 손발 저림 현상 완화. 아토피, 백내장, 류머티즘에도 효과.
- 카모마일 차 : 신경안정 효과로 불면증 해소. '아피제닌' 성분은 암 예방에도 효과적.
- 연근차 : 식이섬유와 단백질이 풍부해 다이어트에도 효과. 카페인이 거의 없어 불안함을 진정시켜 숙면에 좋고, 수족냉증 있는 분에게 도움이 됨.
- 옥수수차 : 트립파톤 성분이 위장을 편하게 하고 숙면을 취할 수 있도록 도와줌.
- 검은콩차 : 신경 안정. 뇌의 혈액순환에 도움을 주는 비타민E 성분이 불면증 개선.

• 물 대신 마시면 좋은 차

- 보리차 : 천연 제산제로 산성 역류를 방지하며 산도를 조절하는 효과. 배변 활동 원활, 소화 개선에 도움. 베타카로틴과 비타민C, E 등 함유해 항산화 작용. 폴리페놀 성분 함유하고 있어 활성 산소를 제거하는 데 도움.
- 현미차 : 콜레스테롤 배출을 돕고 장의 독소를 제거. 몸속 혈당수치를 낮춰 당뇨 예방 및 개선 효과.
- 히비스커스 차 : 비타민C가 풍부해 면역력 강화에 도움. 체내 활성산소를 억제. 콜레스케롤 수치를 조절.
- 케모마일 차 : 항염증 및 진정 효과를 지녀 근육 경련 완화. 소화불량이나 위장 장애, 과민성대장증후군 예방. 심신 안정과 불면증에 도움.
- 레몬밤 차 : 인지력 향상. 면역력 강화. 심장 건강 향상. 불면증 완화로 숙면 유도.

허브차 중 케모마일 차, 히비스커스 차는 카페인이 없다.

홈메이드(Homemade)를 선호하는 사람들

막내딸이 초등학교에 들어간 첫 해, 딸의 친구 엄마를 시장에서 만났다.

며칠 전, 생일파티에 초대된 딸 친구가 집에 가서 파티 시작부터 세세히도 보고를 해서 친구 엄마는 그날 일을 모조리 알고 있었다. 반 친구가 20명도 안 되는데 그중에 누구만 초대를 할 수 없어 모두 모여 보자고 했었다. 나중에 '그 집 엄마가 머리가 좋은 사람인지 나쁜 사람인지 모르겠다(간단히 말하면 '미쳤나 보다'는 뜻으로 이야길 했을 것 같다)'는 소리까지 들었던 떠들썩한 모임이었다.

인사를 하고 난 뒤, 친구 엄마의 첫 말이 '당신이 젓가락으로 pea(완두콩)도 집는다'며 였다. 남 못하는 굉장한 일을 한 것 같은 말투에 멋쩍게 웃었던 기억이 난다.

칭찬 일색의 대화를 즐기는 사람은 그다음 말도 '당신이 주인공 생일 케이크를 만들었다'였다. 사람 좋은 친구 엄마는 완두콩과 생일 케이크를 연결시켜 좋은 이야기를 만든다.

'Adult Education',

성인을 대상으로 하는 교육이다.

초등학교에서 대학까지 저녁 6시부터 주민들을 위해 학교를 개방한다. 요즘 우리나라에서 동네마다 주민자치센터에서 하는 활동들을 그곳에서 했던 것 같다. 문화, 예술, 취미 등의 과정이 대부분이었고 기능 훈련 및 전문 자격 과정 등도 있다. 수업료는 주 정부에서 강사료를 지불하는지 그 지역 주민들은 큰 부담이 없는 액수였고, 다른 동네에서 온 주민들은 수업료가 좀 더 들었다.

저녁을 일찍 만들어 놓고 늦은 시간까지 아이들 학교나 대학에서 열리는 수업을 찾아다니며 타이핑(typing), 어카운팅(accounting), 매듭, 케이크 데코레이션(cake decoration) 등을 배우러 다녔다.

연년생인 4명의 아이들이 학교 가기 전까지는 엄마가 일을 하러 나가면 수입보다 아이들 돌보아 주는 사람에게 들어가는 비용(baby sitter에게 지불하는 비용)이 더 나올 것 같다고들 했었다. 그런 문제도 있겠지만 아이들 엄마가 마음의 여유가 없어 외출 자체도 원치 않고 지내던 터라 오랜만의 사회 활동에 열심이었던 것 같다.

타이핑이나 어카운팅은 설명만 듣고 혼자 할 수 있는 수업이기에 우리나라에서 배우는 것과 똑같아 성적도 괜찮았고 인정을 받았다. 매듭도 설명을 이해하기만 하면 되는 일이어서 마음 편한 시간을 보내며 결과물이 완성되면 집 안에 자신이 직접 만든 소품이 생기는 재미에 수업시간을 기다리곤 했다.

몇 학기를 잘 보내다가 케이크를 구워 장식을 하는 수업이 있던 학기에는 학기가 끝날 때까지 뭔가 개운치가 않은 기분으로 시간을 보냈다. 케이크는 시장에서 가루로 나와 있는 재료를 포장지 겉면에 적혀 있는 대로 잘 혼합하여 원하는 모형의 케이크 팬에 넣어 구워 내면 된다. 식혀서 케이크 겉면을 버터크림으로 도포해야 하는 아이싱 과정, 장미꽃 등을 만들어 냉장고에 넣어 굳혀 놓았다가 아이싱 끝난 뒤 케이크 위에 올려놓고 잎사귀 등을 연결하는 마무리 작업을 하면 케이크가 만들어진다.

이 수업에서 조금은 자신이 있었던 것이 꽃 만드는 것이었다. 짤주머니에 색색으로 만든 크림을 넣어 한 잎 한 잎 돌려가며 붙여서 만들어 놓은 장미를 볼 때는 나도 뭔가를 남들만큼 할 수 있다는 용기까지 얻을 수 있었다. 그러나 나머지 수업 시간에는 항상 미간이 좁혀져 있었다.

첫 과정인 케이크를 오븐에 넣을 때 정성을 다했는 데도 케이크 가운데가 올라오곤 한다. 가운데 부분을 잘 다듬어 정리를 해도 겉면을 매끈하게 만들기 어려웠다.

그 전에 겉면에 도포할 크림을 만드는 것도 매끈하게 자료가 섞이지 않아 시간이 걸리곤 했다. 요즘도 생크림을 사용한 시판 케이크를 보면 그때는 버터크림 밖에 없었나 하는 생각이 들곤 할 정도로 애를 먹었었다.

아쉬움이 많이 남은 엄마의 말에 막내딸은 요즘엔 크림도 다 만들어져 나온다고 조금은 짓궂게 약을 올리는 투로 알려준다.

수업 시간마다 늘 만족스럽지 못했지만 그때 배운 케이크와 과자들로 인해 여러 곳에서 환영받는 일들이 생기곤 했다.

크리스마스, 할로윈(Halloween), 발렌타인데이(Valentine day)에 아이들 반에서 파티를 거들어 줄 엄마가 필요할 때, 예쁜 데코레이션을 한 과자나 케이크를 가지고 나타난 엄마는 반 친구들의 환영을 받는다. 엄마, 아빠 친구들에게 홈메이드(Homemade) 생일 케이크는 좋은 선물이 되었고, 아이들 생일 케이크는 주인공의 어깨를 으쓱하게 만들어 주었다. 교수 가족들을 위한 관사에 있을 때는 다른 과 교수 부인으로부터 '세상에서 하나뿐인 케이크를 아들을 위해 만들어 달라'는 주문을 받았었다. 비용 생각은 안 하고 정성을 들이느라 수고비로 받은 가격의 배는 더 들었을 것 같은 케이크를 만든 적도 있었지만 온 식구가 자랑스럽게 여기는 분위기가 흐뭇했었다

케이크로 인해 맺어졌던 인연들은 모두 좋은 추억을 만들어 주었다.

남편한테 운전 배우다 이혼한 사람도 있다며, 자신의 아이들을 남(baby sitter)에게 맡겨놓고 우리 아이들 아버지 대신 운전을 가르쳐 주었던 착한 친구가 어느 날 과자를 만들었다고 자랑을 한다. 그러면서 아들한테 칭찬을 받았다고 고맙다고 하는 것이다. 아들이 'Mrs. Ahn 과자와 똑같다'고 하더라고 본인 혼자의 자랑이 아닌, 묘하게 표현하여 함께 칭찬을 받도록 상황을 만들어 전할 때야 비로소 알아들었다.

'홈메이드!'
집에서 엄마가 손수 만들었기에 좋아한다는 것을!

《Cambridge 영어사전》에 'Homemade'는

"made at home and rather than in a shop or factory, especially food or drink" not professionally made or done: amateurish로 설명되어 있어 상점에서 산 것이 아닌 집에서 만든, 공적으로 가르칠 수준의 사람이 만든 것이 아닌 아마추어가 만든 것이라는 의미다.

어설프고 완벽하진 않지만 좋은 재료를 사용해서 깨끗하게 정성을 들여 만든 사람 자신만의 독창적인 홈메이드 음식은 받는 이에게 특별한 마음을 전달하곤 한다.

처음 낯선 곳에 와서부터는 어디를 가도 우리나라와 비교를 하는 것이 버릇처럼 되더니 나중에는 우리나라 부인들과 현지 부인들의 다른 점을 발견한다.

결혼 전, 학교와 집만 오가던 세상 물정 모르는 사람에게 '영화에서 본 미국만 생각해서는 안 된다'고 알려줬던 아이들 아빠의 말뜻을 살아가면서 차츰 알게 되었고, 이들에게 고마운 마음으로 많은 것을 배웠다.

집에 있을 때도 노부인들은 곱게 화장을 하고 화사한 옷차림을 즐기는 듯한데, 젊은 엄마들은 항상 화장기 없는 얼굴에 바지에 티셔츠 차림이다. 시장 갈 땐 쿠폰을 챙기고, 페트병·유리병 등을 모아 가는, 모두 비슷한 일을 습관처럼 하는 특별히 이쁘지도 밉지도 않은 부인들이다. 금방금방 자라는 어린아이가 있는 집은 천(옷감)만을 파는 가게에 사이즈(size)별로 마련되어 있는 아이들 옷 패턴을 사서 그대로 천에 대고 그려 집에서 아이들 옷을 만들어 입히기도 하고, 본인의 홈드레스도 만들어 입는다. 천 가게 한쪽 귀퉁이에 손님이 필요한 만큼 자로 재서 사가고 남은 짜투리 천들이 모여 있다. 각종 예쁜 무늬의 조각천들을 세모로 네모로 오려 누벼서 이불을 만들어 사용하기도 하고, 친구나 손님은 으레 집으로 초대해서 대접한다. 자연히 찬사와 칭찬이 안 나올 수가 없다. 그때 보이는 자연스러운 그들의 감사의 표현과 겸손, 배려의 태도는 산 교육의 학습장이었다.

우리 집에도 홈메이드(Homemade), 핸드메이드(Handmade)를 유난히 원하는 둘째 딸이 있다. 어릴 때부터 생일이나 크리스마스 선물은 엄마가 만든 음식, 옷, 인형을 원했다.

고등학교 졸업 프롬(Prom) 파티에 입을 벨벳(velvet)드레스를 만들 때,

엄마가 지퍼(zipper) 다느라 며칠 고생을 했다. 그런 드레스를 친구들과 파티에 입고 가는 걸 보니 엄마가 공을 들인 만큼 예쁜 것 같지 않아 '친구들처럼 옷가게에서 빌려 입었으면 예쁜 옷이 많았을 텐데' 아쉬워 한마디했더니 빙긋 웃으며 '내가 좋다는데' 하며 뒤로 손을 흔들며 나가는 특별난 딸,

이 아이는 어릴 때부터 벌써 엄마의 정성이 예쁜 것보다 더 소중한 것이라는 것을 알았는지도 모른다.

미국에서 핸드메이드(Handmade)와 홈메이드(Homemade)를 선호하는 문화가 어떻게 자리를 잡게 되었는지 모르지만 사회 분위기라는 것이 역할을 한몫했을 것 같다. 우리가 자조적(自嘲的) 표현으로 '배달민족'이

라 배달이 활성화되었다며 배달문화를 정착시킨 듯한 사회적 분위기가 우리 삶에 영향을 미치는 걸 보아 왔기 때문에 이런 생각을 하는지도 모른다.

주위에서 바람직한 일을 하는 걸 보고 따라 하면서 자신이 기쁨과 보람을 느끼는 만큼 상대에게는 자신을 소중히 생각해 줌에 감사함을 느끼게 되는 마음이 서로에게 돌고 돌아서 이런 바람직한 사회가 이뤄진 듯하다. 젊은 부인들의 옷차림부터 바람직한 생활 태도나 마음가짐들이 자연히 자녀들에게 전달되는 건 당연한 순서일 것이다.

그럴 즈음 막내 친구 엄마를 만났던 것이다. 이야기는 평소에 작은 콩까지도 젓가락으로 집을 수 있는 것도 기술이어서 케이크를 잘 만드는데 도움이 되었을 것이라는 뜻으로 이어진다. 칭찬으로 듣기도 민망해서 '아마도 세상에서 유일하게 우리나라에서는 어린아이들도 모두 쇠젓가락을 사용할 줄 알아 그런지 머리도 좋다'고 농담으로 받아 넘기며 함께 웃었다.

1970년 후반에서야 성인교육에서 '케이크 데코레이션'을 주민들에게 가르쳐 초창기에 배운 일로 하여 얼마 동안 좋은 경험을 많이 했던 것이다.

휴대폰도 없던 시절이라 생각도 못하고 있었는데 '3시간 공들여 만들어서 3초 만에 먹어버리는 케이크'가 아깝다고 사진이라도 찍어 놓자고 하는 아이들 말을 듣고야 아이들 아버지의 큰 사진기가 등장을 했었다.

옛 사진을 보며 아이들에게 꽃 만드는 것이라도 가르쳐 줄 것을 그것도 안 가르쳐 주었다는 이야기를 했더니 얼마 뒤 기가 막힌 생일 케이크 사진들이 휴대폰에 올라왔다. 시끌벅적했던 어린 시절의 생일파티 주인공이 본인의 아이들을 위해 만든 것이라는데, 그것도 주인공들이 원하는 대로 케이크를 만들어 낸 딸의 솜씨가 보통 솜씨가 아니다.

1970년도 후반과 2020년대 케이크의 차이!

어떤 제과점에서 스토리가 있는 케이크를 주문한다고 손님이 원하는 대로 이런 작품을 만들 수 있을지 폭탄 칭찬을 하고 나니 딸아이 반응은 간단하다.

'엄마, 요즘은 다 하게 되어 있어.'

엄마의 케이크들은 사전에 쓰여 있듯 'not professionally made or done: amateurish'란 뜻이 그대로 보이는 케이크였다.

거기에 비해 딸아이 케이크들은 완전히 전문가 작품이다.

amateurish란 단어의 뜻이 '프로의 기술이나 능력을 가지지 않은, 아마추어적인(not having the skill or abilities of a professional, an amateur)' 것이라면 거기에는 걸맞지 않는 케이크이다.

딸과의 둘만의 대화방에 '역시 엄마 딸!'이란 글을 보낸다.

- 2020년대 cake

- 1970년 후반 cake

handmade와 homemade

handmade는 영미권에서는 식품보다는 옷이나 가구 등 물건이나 상품 등에 사용한다. hanmade Jewelry, hanmade shoes 등 손으로 만든 장신구, 수제구두 등.

homemade는 cake, cookie, bread 등 식품을 말할 때 사용.

봉제사접빈객(奉祭祀接賓客)

큰언니 함 들어오던 날,

흩어져 있던 식구들이 이산가족 재회의 시간을 갖지도 못하고 각기 시차 적응도 못한 상태에서 시간 맞추어 상을 차려내느라 동생들은 내내 골이 난 모양새였다.

함잡이가 도착하기 전, 깔끔하게 준비된 상을 둘러보고 돌아서면서야 얼굴이 펴진 막내딸은 엄마 귀에 대고 '예술이야' 하며 익살스런 표정을 짓는다. 엄마와 함께 세 모녀가 외부인 도움없이 전쟁하듯 예술품들을 만들어 놓고 자화자찬들을 소리 낮춰 하고 있는 동안, 방 안에선 다른 분위기였었나 보다.

요즘 같으면 행사가 크든 작든 일단 끝난 뒤에야 댓글로 쏟아질 호불호(好不好)의 표현이 그때는 즉석에서 공개리에 벌어졌었다.

요지는 좋은 마음으로 거들어 주러 온 분들에게 도와줄 기회도 안 준다는 건 예의가 아니라는 따끔한 충고를 서슴지 않는 분과 도와주고 싶었는데 들어갈 틈을 못 찾아 도와주지 못해 미안하다는 분들로 나뉘어 모두 마음이 편치 않음을 표현하는 분위기에 지인들에게 그날의 주인공들보다 신경을 더 썼던 것 같다.

아이들이 어릴 때부터 손님이 오시는 날은 엄마를 돕는 날이었다.

외식으로 하기보다는 집으로 초대받는 것을 환대로 여기는 분위기였던 곳에서 자라 어른들이 될 때까지 아이들과 엄마가 함께한 손님 접대는 노하우(know how)가 꽤 쌓였다. 식재료 준비 과정에서부터 테이블 세팅(table setting)까지 엄마의 취향대로 말하지 않아도 알아서들 그럴싸하게 해 놓는다.

더구나 시간이 없을 때 일 처리하는 손발 맞는 네 모녀의 궁합은 환상에 가깝다.

정 많은 우리나라 분들의 남을 도우려는 따뜻한 마음을 모르는 건 아니지만 그날의 중요한 자리를 우리 가족의 손으로 마련하고 싶었다는 마음을 전하지도 못하고 아직 가슴에 담아 두고 있다.

유아원에 들어간 막내에게 먹을 것이 있을 때는 무엇이든 혼자 먹지 말고 친구들과 '나눠 먹으라'는 말을 몇 번 했었는가 보다. 언니, 오빠들은 아무 소리 안 하고 들었던 엄마 말에 막내가 처음으로 반기를 들었다. 친구들은 받기만 하지 주는 법이 없다는 이야기를 하는데 오빠가 끼어든다. 그래서 어떤 때는 자신이 바보 같다는 생각이 든다는 소리다. 유아원부터 초등학교 다니는 아이들이 하는 말을 듣고 있다가 그러면 이 나라 엄마들은 음식이 있으면 자기 아이 혼자만 먹으라고 하는가?

행여 나눠 준 음식을 먹고 남의 집 아이(친구)가 탈이 날까 봐 그러는가?

아무리 개인주의의 영향으로 어린 나이부터 독립적으로 생각하고 행동하도록 키워서 어린이의 선택을 존중한다 하더라도 기본적인 마음가짐 등은 어른들이 인도해야 하지 않는가?

서구사회에서 자라는 아이들에게 동양의 사고방식을 접목시키느라 그때부터 부모는 아이들만큼 힘들기 시작했었던 것 같다.

가끔 실제로 있었던 시댁이나 친정집 어른들이 행하셨던, 엄마도 어릴 때 전해 들었던 이야기들을 아이들에게 옛날이야기처럼 들려주곤 했다. 이곳 사람들과 우리의 다른 점은 스스로 가려내고 선택하라는 뜻이 담겨 있긴 했어도 표는 내지 않았기에 그냥 마음씨 좋은 우리나라 어른들로만 기억에 남았을 수도 있다.

세우습의(細雨濕衣)!

'가랑비에 옷이 젖는다'는데, 자꾸 좋은 이야기를 듣다 보면 모르는 사이에 아이들 본인들 것으로 만들어 놓을 것이라는 기대를 가져 본다.

우리나라에서는 아주 어려웠던 시절에도 동네를 지나가는 사람이 잘 곳이 없어 재워달라고 하면 방을 내주고 자기네 식구도 못 먹는 음식을 구해 대접했다는 이야기부터 특히 할머니들은 내 집에 왔던 사람은 물건을 팔러 온 사람이든, 남의 집에서 심부름을 온 사람이든 누구든 간에 무엇이든 꼭 먹여 보냈다는 이야기까지 주로 먹는 이야기를 해서 그랬는지 막내 딸아이가 갑자기 필리핀 친구네 집 이야기를 한다. 어린 아가씨는 못마땅한 어투로 놀러 가면 친구 엄마가 전혀 아이들한테는 관심도 없고, 먹는 것도 시원치 않았는데 오늘 손님이 온다고 음식을 엄청 많이 하더라는 이야기다.

엄마는 속으로는 '아! 필리핀도 손님 접대를 푸짐하게 하는 나라구나!' 하는 생각을 하면서 '우리도 손님들 오시면 평소에 먹는 음식보다 많이 차리지 않는가'라고 했는데 친구 엄마 역성을 드는 듯이 들렸나 보다.

자기 친구도 자기 엄마가 공평치 않다고 하더라고, 누가 더 중요한 사람들이냐고 반문한다.

어린아이의 말이 다 맞는 말인데, 엄마는 무엇을 잘못한 사람처럼 '그러게' 하곤 멋쩍게 웃었던 것 같다.

우리나라의 손님 접대 문화부터 이렇게 자리잡게 된 것을 설명하려면 핵가족제도 속에서 자라고 있는 아이들을 이해시키기가 쉽지 않겠다는 생각이 먼저 든다.

봉제사접빈객(奉祭祀接賓客)

조상의 제사를 모시고 집안에 찾아오는 손님을 대접하는 것.

손님을 접대하는 것은 조상에게 제사를 지내는 것만큼 중요하게 여겼던 덕목이다.

아마 요즘에도 종가의 전통을 잇는 집에서는 '봉제사접빈객'이 실천해야 하는 중요한 덕목일 것이다.

제사는 조상이 돌아가신 뒤에도 조상을 기억하고 추모하기 위해 음식을 접대하는 의식이다. 그때마다(기제사를 지낼 때마다) 많은 친족이 참여하므로 이를 접대하는 일은 종가의 위상과 직결되는 문제이기에 중요한 과업으로 생각할 수 밖에 없다.

어린아이들의 손님 접대에 대해 지적을 받고서야 우리나라의 손님 접대 문화와 주변국들(중국, 일본)의 손님 접대 문화를 비교해 보게 되었다. 이제는 우리도 시대에 맞는 바람직한 손님 접대 문화를 찾아야 할 때가 된듯하다.

중국은 음식을 상이 꽉 차도록 차려놓고 음식 위로 또 음식을 겹쳐 올려놓는다. 손님에게 먹을 수도 없을 정도로 엄청나게 많이 내오는 게 기본이다. 식사에 초대되었을 때 음식은 어느 정도 남기는 것이 부족함 없이 먹었다는 의미로 해석되고, 손님이 음식을 다 먹을 경우 준비한 음식이 부족했다는 의미로 전달된다고 한다. 음식을 전부 다 먹는 것은 실례라는 뜻이다.

요즘에는 경제가 성장함에 따라 음식물 쓰레기 배출량이 늘어 음식을 남기는 것은 낭비라고 홍보하고 있어 일부러 남기는 걸 좋지 않게 보기 시작했다고 한다.

우리나라는 아직도 '봉제사접빈객' 영향이 남아 있어 평소보다는 많이 차리려는 경향은 있다. 음식을 겹쳐 올려놓는 것은 큰 결례로 생각해서 평소에도 해서는 안 되는 일로 여긴다. 손님은 접대하는 사람의 성의를 생각해 음식을 남기지 않고 먹으려고 한다.

일본은 '필요한 만큼만 소중하게 먹는다'는 일본 음식문화의 예법에 따라 식사는 소식을 하는 것이 자연스런 분위기다. 음식의 맛, 질감, 향을 중시하며 나뭇잎, 꽃잎 등을 사용해 계절감을 살려 음식을 장식하는 등 모양이 작고, 아기자기한 음식을 담을 때는 양을 적게 담고 먹을 때는 남기지 않고 먹는다.

여기에 '오모테나시(ちもてなし)' 정신으로 손님이 원하는 것을 정확하게 파악해 친절하게 진심을 담은 극진한 접대를 받았다는 느낌을 손님들이 받는다고 한다.

미국에서 처음으로 저녁 초대를 받았을 때, 초대하는 집에서 작은 카드를 일주일 전에 보내 주었다. 초대한다는 인사말 밑에 참석할 수 있는지 여부, 날짜, 시간이 적혀 있는 예쁜 카드 한 장을 보며 남의 나라에 와 있다는 실감이 났다.

초대해 주신 교수 댁에선 참석하겠다는 연락을 받은 사람 수에 맞추어 음식을 장만한 듯한 양의 음식이 예쁜 식탁 위에 먹음직하게 차려져 있어 인상적이었다. 서로 미안한 마음이 들지 않고 즐거운 식사를 함께 할 수 있는 이런 손님 접대를 우리가 배워야 할 것 같다는 생각이 들던 저녁이었다.

옛날과는 달리 요즘에는 손님과 즐겁고 유익한 시간을 함께 보내는 것이 목적인 만남의 시간을 위해 서로에게 어떤 면에서든 부담을 주는 일은 피해야 할 것 같다.

서구사회와 일본에서의 손님을 위하는 합리적이고 건전한 접대 방법은 초대하는 사람들의 정신적·신체적 부담을 줄이는 면에서도 바람직한 것 같다는 생각이 든다.

초대한 사람과 초대받은 사람이 지녀야 할 기본적인 마음가짐을 옛 어른들의 말씀《명심보감》에서 찾아본다.

> "재가(在家)에 불회요빈객(不會邀賓客)이면 출외(出外)에 방지소주인(方知小主人)이니라."
> 집에 온 손님을 잘 맞아 대접할 줄 모르면 내가 남의 집에 가서도 대접을 받지 못한다.

손님을 초대한 주인의 정성이 담긴 음식과 외부 전문인의 도움을 받은
음식(고기류는 식당 측에서 제공)을 함께 이용해 주인 측의 노동 부담을
줄이고 다양한 음식을 즐기며 손님과 함께 여유있는 즐거운 시간을
함께 할 수 있어 바쁘고 복잡한 21세기 우리사회에 도입했으면
좋을 것 같은 새로운 손님 접대 방법.

새로운 접대 방법

21C 우리 사회

기존의 손님상

밥상머리 교육

친정어머님은 신실한 불제자셨다.

아침에 일어나시면 몸 단정히 하시고, 향과 《불경》이 놓여 있는 작은 소반을 서랍장 위에서 내려 절을 하시고 《불경》을 외우셨다. 우리나라 말도 글도 아닌 《불경》을 어찌 모두 외우셨는지. 그리 생각하는 자신도 어릴 때부터 늘 들어 아직도 앞 귀절은 저절로 입에서 나온다.

지금 생각해 봐도 어머니 말씀은 별로 거역한 일이 없었던 것 같은데, 가끔 '너하고 똑같은 딸을 낳아 봐라'는 말씀을 하셨던 기억이 나는 걸 보면 그때마다 뭔가 어머니 마음에 안 드시는 일을 했었던 것이 분명하다. 그래도 난 어머니 말씀 따라 '인연 불공'도 따라갔다 온 착한 딸이었음을 내세워 집안 식구들을 가끔 웃기곤 했었다. 따님을 두신 어머님 친구분들이 인연 불공을 계획하셔서 날을 받았는데 우리 어머님만 성공하셨던 일이 있었다. 졸업반 겨울방학에 할 일도 없고, 가자고 하시니 생각 없이 따라나섰었다. 불공 드리기 전에 새벽이라 아무도 없을 줄 알고 어머니 따라 목욕실에 다녀온 뒤부터 2박 3일 동안 어머님 친구분들께 동물원 원숭이 노릇을 톡톡히 한 일이 있어 어머니께 가끔 착한 딸임을 내세울 수 있는 말거리를 만들어 놓은 것이다.

모든 것을 부처님과 스님에 의지하셨던 분이시었는데, 그분들이 아닌 '공양주 보살은 신경 써서 챙겨 드리라'고 하시며 공양주 보살의 옷을 갈아 드려야 할 때를 달력에 적어 놓으셨던 어머님의 마음을 세월이 지나면서 조금씩 알게 되는 것 같다.

요즘은 공양주를 직업으로만 생각하는 경향이 있지만 원래 공양주는 불가의 가르침에 따라 자비심으로 힘든 일을(대중을 먹이는 행위) 수행하는 분이다.

무심히 들었던 '공양주 3년 수행은 스님의 10년 수행에 맞먹는다'는 이야기는, 스님은 스님 자신의 깨달음을 위한 수행이지만 공양주 보살은 '자신이 아닌 다른 사람들이 각자 자신의 깨달음을 위해 수행하는 것을 도와주기 위한 수행'을 하기 때문일 것이다.

공양주 보살(菩薩)이란 호칭이 '깨달음의 경지에 올랐으나 중생을 구제하고자 해탈을 미루고 있는 성인(聖人)'이란 의미라고 전해진다.

공양주에 의해 마련되는 발우공양!

절에서 '발우'라는 나무 그릇을 사용하여 행해지는 스님들의 식사를 발우공양이라 한다.

스님들이 식사 전에 합장하고 정중한 마음으로 생각해야 할 다섯 가지 '오관게(五觀偈, The Five Contemplations)'를 낭송하는데, 쌀알 하나도 음식이 만들어지기까지 고생한 분들의 노고에 감사하고 자신의 소임을 다하겠다고 맹세하는 식사에 대한 고마움을 일깨우는 게송이다.

"자신의 밥상에 올라온 이 음식에는 많은 사람의 피와 땀과 고통이 들어 있으며, 이 음식이 만들어지기 위해 많은 생명이 살상되어 이루어짐을 헤아려 많은 사람들의 노고와 생명의 은혜를 생각한다. 자신의 사람됨이나 덕행이 이 음식을 받을 수 있는 자격이 있는지 자기 자신을 반성하며, 맛이나 양을 탐하는 음식의 은혜를 망각하는 마음과 욕심을 버리고 음식을 자신이 해야만 하는 일을 할 수 있는 몸의 상태를 유지하기 위한 약으로 알고 자신이 할 일을 이뤄내기 위해 이 음식을 받는다."

발우공양은 우리가 매일 먹는 음식물들이 우리 식탁에까지 올 수 있었던 것은 수많은 사람의 노고가 있었기에 가능한 일이며, 더구나 음식물 자체의 생명까지 해를 입힌 결과 우리가 음식을 취할 수 있다는 것에 대한 은혜를 생각하며 이 음식을 탐욕이 아니라 중생을 구제하기 위한 약으로 먹겠다는 다짐을 하며 행해진다. 공양이 끝난 뒤에도 각자 먹을 만큼만 덜어 먹었기에 음식을 남기는 법이 없어 음식을 낭비해서는 안 됨은 물론, 음식을 소중하게 다루어야 함을 실천하는 마음가짐을 가르쳐준다.

조선의 사대부 집안에서 지켜오던 식사법으로 식사할 때마다 생각해야 할 다섯 가지 마음을 아이들에게 가르치고, 먹을 거리를 귀하게 여길 줄 알도록 지도한 밥상머리 교육의 하나인 식시오관(食時五觀 : 음식을 대하는 다섯 가지 마음가짐)이 스님들의 오관게((五觀偈)와 내용이 같은 것을 알게 된다.

- 이 음식에 들어간 정성을 헤아린다.
  많은 사람의 노력으로 얻어진 음식과 사람에 대한 고마움을 생각하며 음식을 먹는다.
- 이 음식을 먹을 자격이 있는지 성찰한다.
  어버이를 섬기고(부모에 효도하고), 임금을 섬기고(나라를 위하고), 입신양명(출세)한 사람만이 밥을 먹을 자격이 있으니 노력하라.
- 입의 즐거움과 배부름을 탐하지 않는다.
  마음을 절제하여 탐욕을 없애야 한다.
- 음식이 약이 되도록 골고루 먹는다.
  밥을 약으로 알아서 건강을 유지해야 한다.
- 인성을 갖춘 뒤에야 음식을 먹는다.
  도덕(道德 : 인간으로서 마땅히 지켜야 할 도리)을 완성해야만 밥을 먹을 자격이 있다.

매일 매끼 밥상머리에서 이루어지는 이러한 교육을 통해 아이들은 예절과 배려, 존중 등의 인성 덕목을 자연스럽게 함양할 수 있었고, 이를 통해 건강하고 밝고 올바른 아이로 성장할 수 있는 길을 열어 주었던 것이다.

오늘날 먹거리가 넘쳐나는 풍요로운 시대에 사는 우리는 내 밥상에 올라온 음식이 돈만 주면 살 수 있고 만들어지는 것으로 생각하고 그 과정을 생각하지 않게 된 것 같다. 돈과 교환의 결과로만 생각하면 수고한 분들의 노력에 대해서는 으레 생각하지 않게 된다. 처음부터 내 밥상에 올려지기 위해 자란 곡식은 없고, 소나 돼지가 사람을 위해 자란 것은 아니다.

우리가 모두 자본주의 시장에 무차별로 노출되어 있어 어느 사이엔가 순수한 아이들의 마음가짐에까지 영향을 미치고 있는 것이다.

우리에게 생명을 주시고 돌보시고 키우시는 우리들의 어머니는 평생을 자식들에게 음식뿐만 아니라 무슨 일이든 헌신적으로 행하시는 공양주 보살이시다.

이런 어머니들께서 앞장서서 오늘날 우리 아이들이 받고 있는 교육이 옛 조상들의 자식을 위하는 교육 방법과 어떤 면에서 차이가 있는지 진지하게 검토해 우리 미래의 주인들을 바른길로 인도해야 하지 않을까?

인격과 도덕적 가치를 형성하는 과정의 교육을 통한 입신양명(立身揚名 : 출세, 성공)을 목표로 했던 조상들의 자식교육과 지식과 학문적 역량을 향상시키는 수단으로서의 교육 이외에는 관심이 없는 지금의 우리 교육이 어떤 결과를 초래하고 있는지?

밥 먹는 자식에게

이현주 목사

　천천히 씹어서 공손히 삼켜라.
봄에서 여름 지나 가을까지 그 여러 날을 비바람 땡볕으로 이어온 쌀인데
그렇게 허겁지겁 먹어버리면 어느 틈에 고마운 마음이 들겠느냐.
사람이 고마운 줄 모르면 그게 사람이 아닌 거여.

　주님을 모시듯 밥을 먹어라.
햇빛과 물과 바람, 농부까지 그 많은 생명, 신령하게 깃들어 있는 밥인데
그렇게 남기고 버려 버리면 생명이신 주님을 버리는 것이니라.
사람이 소중히 밥을 대하면 그게 예수 잘 믿는 거여.

　밥 되신 예수처럼 밥 되어 살거라.
쌀, 보리, 밀, 옥수수, 물고기에 온 만물들은 자신을 제단 위에 밥으로 드
리는데
그렇게 사람들만 밥 되지 않으면 어느 누가 생명 세상을 열겠느냐.
사람은 생명의 밥을 먹고 밥이 되어 사는 거여.

시(詩)를 통한 목사님 말씀!

우리 아이들의 평생 공양주 보살이신 어머니들의 자식 사랑이 진심
어린 목사님 가르침의 말씀을 통해 우리 아이들에게 전해져 큰 열매를
맺을 것이란 희망을 가져본다.

기대되는 젊은 세대

4월이면 온 동네를 환하게 바꿔놓는 예쁜 친구들을 기다린다.

벚꽃들을 찾아 우리나라 인구가 대이동을 하는 걸 보면서도, 때만 되면 찾아 나서지 않아도 찾아오는 복사꽃에 비할까? 하는 생각이 들게 하는 작지만 가볍지 않고 든든해 보이는 도톰한 연분홍색 꽃.

'무릉도원(武陵桃源)'이란 고사성어까지 만들어 놓을만한 아름다운 꽃은 왔다 가면서 꽃에 버금가는 소중한 열매를 남기고 간다. 꽃이 필 즈음부터 꽃봉오리를 확인하던 사람이 언젠가부터 열매에 봉지가 씌워지기 시작한 것을 보게 되었다.

병충해 방지의 목적이 크지만 색도 곱고 흠집없이 예쁘게 만들어야 상품성을 높일 수 있기 때문에 인건비를 들여서 일일이 수작업을 한 것이다.

자연적으로 자라면 더위, 그리고 장마 등으로 수분균형을 제대로 맞추지 못해 열과(裂果 : 과일 열매 터짐) 현상이 발생하기 마련이어서 상품 가치가 떨어지는 복숭아들이 생기고, 벌레가 먹어 버려 상품으로 나갈 수 없는 복숭아가 생긴다. 상품 가치는 없게 되었지만, 당도가 좋고 향이 좋아 벌레가 먼저 먹어 본 것이라고 그 벌레들을 '기미(氣味) 상궁'이라고 한다고 할 정도로 벌레가 먹은 복숭아는 복숭아로서 품질은 보장받았다는 증거라고들 한다.

그런 자연 복숭아 1개와 봉지가 씌워져 만들어진 흠집 하나 없는 예쁜 복숭아 10개의 영양분이 같다고 하는 이야기를 들으면서도 예쁜 복숭아를 택하는 소비자들이다. 소비자들이 원하는 것을 만들기 위해서 봉지가 씌워졌고, 경제적 효율성을 우선으로 생각하는 생산자는 당연히 인간한테 꼭 필요한 영양 성분에 신경을 쓴 먹거리를 생산하는 것이 아니라는 것을 알려준다.

곳감은 자연적으로 말리면 반드시 색깔이 검게 변해야 하고, 곳감 표면으로 빠져 나온 포도당 성분이 흰색 분으로 나와 있어야 한다. 사람들은 곳감 색깔이 주홍 색깔인데 시커멓고, 허옇게 묻은 가루를 곰팡이나 썩은 것으로 오해해서 구매를 꺼리므로 생산자들은 '이산화황(SO_2)'을 방부제로 사용하여 선명한 주홍색 곳감으로 만들어 소비자를 만족시킨다.

건조 과일을 유통하는 과정에서 허가되는 소량의 방부제를 사용한다

하더라도 천식환자나 임산부, 알레르기체질의 경우 심각한 부작용을 일으킬 수도 있다고 하는데도, 소비자가 원하므로 생산자는 소비자의 뜻에 따르는 것이다.

음식을 사냥하고 채집하며 생존해 왔던 인류가 농경으로 마을을 이루며 집단 거주를 시작하면서 식량 공급이 충분하게 이루어져, 식품산업이라는 이름으로 최소의 투자로 최대의 이익을 남기는 돈을 버는 수단으로 바뀌었다. 자연히 먹거리는 잘 팔리는 쪽으로 생산하게 되어 식품산업은 위생과 안전성보다는 경제적 효율성을 우선하게 된 것이다.

미국 농림부에서 매년 미국 땅에서 생산되는 모든 종류의 먹거리에 대해 영양학적으로 분석을 한다고 한다.

분석 결과,

"1914년 생산된 사과 1개 속에 포함되어 있는 철분을 얻으려면 현재는 사과 40개를 먹어야 한다. 철분량이 40분의 1로 줄어들었다는 것이다. 이유는 사과나무가 뿌리 내리고 있는 토양이 화학비료와 농약으로 변했고, 생산자들이 사과 품종 개량을 할 때 원래 사람들에게 전달하고자 하는 영양분이 어떠한 것인지에는 관심이 없고, 당도만 높은 품종만 개량하여 보기 좋고 먹음직한 것으로 돈 벌 수 있는 수단으로만 생각이 바뀌었기 때문이다." 라고 전한다.

그러나 차츰 먹거리가 우리 모두의 건강과 나아가서는 생명과 직결되는 것이기에 소비자, 생산자 모두가 함께 식품 소비를 안전하게 할 수 있도록 식품의 안정성, 위생문제 등에 관심을 가지게 되었고, 나아가서 부정·불량 식품에 관련한 법규와 제도를 강화해 어떤 경우든 식품을 통한 나쁜 일을 할 생각을 못하도록 해야 한다는 데 뜻을 모으게 되었다.

이제 식품의 안전성에 대한 관심이 높아지면서 소비 트렌드가 변화하고 있다.

"2016년 이후 매년 발표하고 있는 '식품 소비 행태조사 결과발표대회'에서 '2022~23년 7대 식품 소비 트렌드 전망'이 나왔다.

식품 소비 트렌드는 먹거리의 선택, 구입, 소비, 식생활 문화 등 먹거리와 관련된 새로운 변화와 얼마나 많은 사람이 동조하고 오래 지속되느냐가 관건으로 관찰의 초점은 먹거리 관련해 어떤 새로운 변화가 있는가, 어떻게 전파되고 왜 사람들이 따라할까 등에 대한 연구다. 2023년에는 2022년 식품 소비 트렌드를 돌이켜 보고 거기에 비추어 2023년의 트렌드를 예상해 '2022~23년 7대 식품 소비 트렌드 전망'을 발표했다. 첫 번째가 고공행진 중인 물가에 맞추어 플렉스(Flex)문화를 선도했던 MZ세대 사이에서 절약형 소비 트렌드가 등장할 것이라는 소식이다. '못난이 농산물'로 불리는 맛좋은 B급 상품이 '맛난이'로 불리며 인기를 끌고 있어 유통업체들은 가성비 높은 상품 출시를 확대하고 있다는 것이다.

www.foodicon.co.kr 2022.12.12.

열과현상으로 열매가 갈라졌거나 터진 농산물, 벌레가 먹어 상품가치는 없지만 영양분은 훌륭한 '못난이 농산물'의 진가를 제대로 알아 '맛난이'로 등급을 올려놓고 앞장서서 소비자들을 이끌어 가려는 MZ세대들의 지혜로움과 용기가 놀랍다.

알만한 나이든 분들도 선뜻 앞장서서 하지 못했던 일을 젊은이들이 함께 이끌 생각을 한 것이 '미닝아웃(meaning과 coming out 합성어)'의 올바른 소비 행위임을 알 것 같다. 기성세대들이 가성비(가격 대비 성능)를 따져가며 합리적 소비를 말할 때, 착한 기업에 지갑을 열고, 나쁜 기업에 지갑을 닫아 소비를 통해 공감할 수 있는 사람들과 함께 가치 있는 일에 지갑을 여는 가치소비, 더 나아가서는 경제적 효율성만을 따지는 기업을 압박해 옳은 길로 이끌어가고 있음도 알려준다.

식품의 안전과 위생문제를 우선하면 비용이 증가되어 가격경쟁력이 하락되지만 식품의 위생·안전을 등한시하면 소비자 건강뿐 아니라 기업의 생존 자체도 위협을 받는다는 것을 명심할 때가 되었다. 이제는 식품의 품질뿐 아니라 기업가의 도덕적 가치관과 신념이 성공적인 기업을 경영하기 위한 필수사항이 된 것이다. 아무리 소비자가 원한다 해도 옳지 않을 때는 소비자를 올바른 방향으로 이끌어 갈 수 있는 기업가들을 MZ세대에서 만날 수 있는 사회가 열리고 있는 것 같다.

요즘 우리나라의 문화 소비 트렌드를 보면 MZ세대가 주도적으로 소비의 주축을 이루고 있다.

MZ세대의 소비 트렌드 중 하나인 '미닝아웃(Meaning coming out)' :

자기만의 신념이나 가치관을 소비 행위를 통해 적극적으로 표출하는 현상으로 '가치 소비'라고도 한다.

유통업계에서는 '미닝아웃' 트렌드에 따라 비건식, 친환경, 재활용은 물론 기부나 봉사 마케팅을 활발하게 벌이고 있다.

• '미닝아웃'의 대표적인 예시는 친환경 소비 트렌드.

기후 변화의 심각성에 관심이 커져 '제로 웨이스트', 폐기물 재활용하는 '업사이클링', 일산화탄소 배출을 줄인 '저탄소 제품'을 중요시하게 되어 미닝아웃 소비 문화에 반영되었다.

글로벌 커머스 마케팅 기업 크리테오의 조사에 따르면 MZ세대의 52%는 친환경 등 자신의 신념과 가치관에 맞는 미닝아웃 소비 중이라고 한다.

• '돈쭐낸다'라는 현상 : 착하고 바른 기업들의 물건을 구매해 매출을 올려줌으로써 자신들의 신념을 적극적으로 표출하는 것.

기업의 사회적·윤리적 책임을 고려하는 소비 형태인 '미닝아웃'이 증가하고 있다.

《경국대전(經國大典)》부터 CHAT GPT

하는 일도 없는 백수의 주말 아침이 여전히 바쁘다.

아침을 준비해 놓고 8시까지 책상에 앉아야 보고 싶은 우리 집 아이들을 만나게 된다.

막내는 엄마 아빠보다 더 이른 아침 7시, 언니 오빠들은 금요일 오후 1시. 7시의 시간을 맞추려면 주말 일정을 조화롭게 소화시켜야 하는 가족 행사를 만들어 놓은 것이다. 그래도 가족 ZOOM 시간에 6명의 출석률은 양호한 편이다.

일주일 동안의 다섯 가족의 소식과 요즘 들어 부쩍 늘어난 세계 공통 사건들이 많아져 두 시간이 모자랄 정도다. 지난 토요일의 이슈(issue)는 다가올 '추석 차례'였다.

일을 해야 하는 사람이 큰 병을 치르고 난 뒤부터 주위에서 나온 소리가 예로부터 "집안에 우환이 있으면 제사를 지내지 않는다"는 것이었다. 실제로 제사와 차례를 중시하던 조상들도 전염병이 돌거나 집안에 아픈 사람이 있으면 차례와 제사를 생략했다는 것이다.

주위에서는 성치 않은 몸으로 음식을 준비하는 것을 보기가 민망해 그런 옛말까지 불러오는 것이라고 이해된다. 그러나 정작 차례상을 차려야 하는 사람은 조상님께 소홀한 듯한 생각이 들면 자신의 신체적 불편함보다 마음이 더 힘들다는 걸 어찌 설명을 해야할지, 같은 입장에 있는 사람들끼리나 공감할 수 있을 것이다.

매년 때가 되면 똑같은 문제로 결론 없는 대화가 계속되곤 하다가 나름 생각을 정리해 의견을 내놓으면 번번이 엄마와 식구들의 입장이 다르다. 지금도 예전에 비하면 충분히 간소화된 상태다. 젯상에 올려야 할 음식의 양은 줄여도, 올려야 할 음식은 올려야 한다는 전근대적인 사고를 버리지 못하는 엄마를 대하는 식구들은 더 답답할 것이다.

간소화하라고 하는 데도 고집을 부린다는 듯 들리는 아이들 아버지의 이야기를 듣는 순간, 마치 남의 시선을 의식한 엄마 자신의 과시욕에서 비롯된 것 같다는 뜻으로 와 닿는다.

분위기가 이상해지는 듯하니 아들이 나선다.

'우리 어머닌 모든 일에 최선을 다하는 분이라서 그렇다고.'

뒤이어 맞장구치는 딸들의 말소리가 들리는데 흐뭇한 느낌이 전혀 안 든다. 문득 엄마를 좋게 인정해주는 집 아이들이나 가끔 '일을 무서워하지 않는다'고 몸 챙기라고 넌지시 일러주는 지인에게 부끄럽지 않게 조상님들을 대하는 자신의 마음이 순수한가? 하는 생각이 드는 것이다.

우리나라 사람들의 과시욕이 차례상에도 나타날 수 있다는 이야기가 혹시나 나에게도 해당되어 고집스럽게 이러는 건 아닌지. 잠시 들어왔다 나가는 생각이 그랬다.

시대에 맞지 않는 생각을 하는 사람으로 보이겠지만 제사에 대한 자신의 마음을 표현할 길이 없어 똑똑한 사람들에게 늘 당하는 기분이다.

제사가 우리나라에 등장하게 된 것은 고려 말엽부터 성리학과 함께 들어온 《주자가례(朱子家禮)》라는 책을 통해 조상 숭배 사상이 생겨났고, 오늘날과 같은 형태의 제사는 이성계가 조선을 세울 때 성리학을 통치 기반으로 삼음으로써 조상 제사는 보편화되었다고 전해진다.

조선 전기까지의 제사는 양반가에서만 지냈으며 제사상에 올리는 제사 음식 준비부터 조상의 넋을 추모하는 일련의 과정들에서 여자들은 철저히 배제되고 오로지 남성들만이 제사와 차례를 진행했다. 당시 제사 기본원칙을 정해놓은 《주자가례》를 보면 '제철 과일을 사용하라'는 것과 주과포(酒果脯)로 상을 차리라는 지시가 전부였다고 한다.

구한말 신분제도가 없어지면서 양반들의 제사 문화가 서민들에게 퍼지고 자신의 부를 자랑하기 위해 간소하던 제사상이 음식 가짓수가 다양하게 늘었다

이렇게 변화해 온 오늘날의 제사 문화는 처음 모든 추모 일정을 주도해 왔던 남성들이 빠지고 거의 모든 일이 여성들의 몫이 되었다. 이런 불합리한 상황에 처한 여성들에게 '명절증후군'이 나타나고, '부부갈등' '고부갈등' '이혼률 급증' 등으로 이어져 사회문제까지 등장하게 만들고 있다.

핵가족과 합리주의 문화 속에서 성장한 신세대의 가치관 변화도 여기에 힘을 보탠다.

한 번도 보지도 못하고(얼굴도 모르는) 알지도 못하는 조상을 위해, 진정한 효심도 없이 행해지는 형식적인 행사로 제사를 준비하는 과정부터 제사 행위 자체를 회의적으로 보는 시선이 늘고 있던 차에 'COVID-19' 유행이 길어지면서 '사회적 거리두기'가 차례·제사 문화의 간소화를 빠르게 진행시킨다. 'COVID-19'가 종식된다 해도 그 이전으로 복구되지 않을 가능성이 크다는 의견들이다.

제사에 대한 갑론을박(甲論乙駁) :
'지긋지긋한 제사 없애는 간단한 방법'이란 모 일간지의 기사(甲論)에 대한 답글(乙駁) :

"조상이 있기에 부모가 있고, 부모가 있기에 내가 있게 되었으니 감사하는 마음을 스스로 우러나는 효심에서 조상에게 표하는 제사다. '지긋지긋'의 뜻 그대로 '참고 견디기 힘들 정도로 몹시 괴롭고 싫은' 제사라면 안 지내면 그만이다.

인간이 기본적으로 지켜야 할 도리를 지키지 않으면 법을 만들어 벌을 하는데, 제사에는 법이나 법령이 없으므로 싫으면 안 하면 된다.

물론 일 년에 아홉 차례, 열 차례씩 제사를 지내는 집도 있기는 하지만 요즘 그렇게 한다면 그 집도 참 딱한 집이라는 생각이 든다.

부모님 살아생전에 식사 챙겨드리고, 틈틈이 전화 드리고, 생신 때 찾아뵙고 신경을 써 드리는 것이 사람의 도리이고, 돌아가시면 일 년에 한 번 기제사를 지내는 것인데 그 일이 지긋지긋하다면 본인은 하늘에서 떨어졌나 땅에서 솟았나?

제사도 문화다. 그렇기에 시대에 따라 변하게 마련이라 옛날에 비해 요즘은 많이 간소화되었다. 부모님 내외분도 따로 두 번 제사를 지내는 집은 드물고 두 분을 한꺼번에 일 년에 한 번만 지내는 집이 일반화되고 있다.

이 기사의 취지는 제사 준비의 노동 때문인 것 같다. 일은 결국 여자가 다 하는데 내 부모도 아닌 시가(媤家)의 제사에 내가 왜 이렇게 힘들게 고생하느냐는 생각 때문이 아닐까?

지긋지긋하다는 표현이 나오지 않을 정도로 간단하게 정성이 들어간 제사상이나 차례상을 즐거운 마음으로 자녀들과 함께 준비하는 것도 가정교육이고 자녀들이 성인이 되는 과정에 중요한 사회적 영향을 받게 될 것이다."

좋은 의견(乙駁)이 처음 글을 올린 분(甲論)을 위시해 많은 분들에게 도움이 되었을 것 같다는 생각을 한다.

위의 반듯한 글(乙駁) 중에 유독 마음이 쓰이는 대목이 있다.

"일 년에 아홉 차례, 열 차례씩 제사를 지내는 집도 있기는 하지만 요즘 그렇게 한다면 그 집도 참 딱한 집이라는 생각이 든다."

열 차례 제사에, 설과 추석 차례, 한식 차례까지 열세 번을 지내는 집에서는 '딱한 집'이라고 표현하는 사람이나 '제사가 지긋지긋하다'는 사람의 다른 점이 있을지 잠시 의문이 든다.

민족의 문화에 대한 사회적 분위기를 개인이 거스리기는 어려운 일이
어서 법으로 강제화시키기 전에는 가족 간에도 의견을 모으는 일은 힘
들 것 같지만 변하는 시대와 가족들의 화목을 생각하면 이 시점에서 적
절한 방법을 찾아야 할 것 같다는 생각은 든다. 우리 문화를 지키는 것
이 옳은 길이라면 모든 가족 구성원이 부담없이 함께하고 싶은 마음이
우선되어야 할 것이다.

기꺼이 좋은 마음을 가지고 음식을 준비할 수 있을 만큼, 간단하지만
정성 들여 조상님을 위한 제사상·차례상을 준비하는 것과 1999년 개정
된 '건전가정의례준칙'에 따르는 것이 한 방법이 될 수 있을 것이다.

'기제사는 제주(祭主)부터 2대조까지로 한다(제20조 제1항)'는 사항은
1969년 '가정의례준칙'부터 실시하던 것인데 지금은 권고 형태로 남아
있다.

현대의 제사에 대해 성리학자들도 '화려한 제사는 부담으로 작용해
가족 간 화합을 다지는 데 기여하지 못하므로 효과적으로 화합을 다질
방안을 도모할 필요가 있다'고 명절에는 제사뿐 아니라 가족 간의 만남
을 활성화할 방안을 찾아야 한다는 입장이다.

전통문화를 연구하는 전문가들도 제사 문화의 축소 현상은 자연스러
운 사회현상으로 '제사'에 초점을 맞추기보다는 가족 구성원들의 '모임'이
중심이 되어야 한다고 강조한다.

결국 차례나 제사를 계속해 지낼 지의 여부는 살아 있는 후손들의 의지에 달려 있다.

제사·차례는 조상님께 가족 모두 각자의 생명이 있게 해주심에 대한 보은으로 제사를 통해 집안 사람들이 한자리에 모여 화목한 모습을 보여 드리는 것이 진정한 제사의 의미라고 생각한다.

> 제사·차례 의식을 단순히 과거의 관습으로 치부할 것이 아니라 가족 간 유대감을 강화하고 세대 간 소통을 증진할 수 있는 기회로 재정비해 현대 사회에 맞는 지속 가능한 방향으로 발전시켜 나가는 길을 찾는 것이 바람직하지 않을까?

끊임없이 변화하는 사회 속에서도 조상을 기리는 전통문화를 계승하고 미래 세대에게 전달할 수 있는 우리 민족만이 누릴 수 있는 소중한 의식으로 존속되었으면 하는 바람이다.

Chat GPT에게 제사에 관한 의견을 물어본다.

> 일찍 결혼한 시절에 자손을 빨리 두었을 때는 4대 고조부까지 얼굴을 아는 조상이라 제사를 지냈지만 지금은 본적도 없는 조상이라 깊은 애정이 없어 제사의 의미가 있을까?
>
> 오후 6:16
>
> **AskUp**
>
> 조상에 대한 애정과 제사의 의미는 개인의 가치관과 신념에 따라 다를 수 있습니다. 일찍 결혼하여 자손을 빨리 두었을 때는 4대 고조부까지 얼굴을 아는 조상이라 제사를 지내는 것이 의미있었을 수 있습니다. 그러나 현재는 본적도 없는 조상이라 깊은 애정이 없는 상황이라면, 제사의 의미가 달라질 수 있습니다.
>
> 제사는 조상에 대한 존경과 예배의 의식으로서, 조상의 영혼을 기리고 그들의 가호를 받기 위해 실시됩니다. 이는 특정한 개인적인 애정보다는 조상과의 연결과 예의를 중시하는 문화적인 측면이 강합니다. 따라서 본적이 없는 조상에 대한 제사를 지내더라도, 조상을 기리고 존경하는 의미에서 여전히 의미가 있을 수 있습니다.
>
> 개인의 선택이나 가치관에 따라 제사를 지내는 방식이나 빈도를 조절할 수 있습니다. 제사의 의미나 의식에 대해 내부적인 고민을 하고, 본인에게 맞는 방식으로 조상을 기리는 것이 중요합니다.
>
> 오후 6:16

기제사는 기일에 지내는 제사이기 때문에 결국 제사는 돌아가신 날에 맞춰 지내는 것.

기제사란 돌아가신 사람의 기일에 그 사람만을 위해 지내는 제사를 의미한다.

전통 제사는 고인이 돌아가신 날짜의 가장 이른 시각(자시, 밤11시부터 새벽 1시)에 지내는 것이 원칙이었으나 현대에 들어서며 늦은 밤에 제사 지내는 것이 부담스러워 임의로 제사 시작 시간을 이른 저녁으로 바꿔 지내게 되어 이때 돌아가신 날의 저녁이 아닌 돌아가시기 전날의 이른 저녁으로 시간을 바꾸게 되며 지금과 같은 오해(돌아가시기 전날에 지내는 것으로 오해)가 생김.

15세기에 완성된 조선 헌법《경국대전(經國大典)》에는 문무관 6품 이상의 벼슬은 증조대(3대), 7품 이하는 조부모(2대), 평민은 부모만 제사 지내라고 되어 있다.

16세기 이후《주자가례》의 영향을 받아 4대 고조의 제사까지 모시는 것이 관례로 자리잡은 것은 조혼(早婚)으로 인해 생전에 만나서 '얼굴을 아는 조상'의 최대 범위가 고조까지이기 때문이다.

(사대봉사를 다 지내려면 기제사만 8번에 차례 2번이어서 한 해 제사를 10번 지내야 한다. 음력 10월에 기제사를 지내지 않는 그 위 대의 조상, 즉 5대조 이상의 조상에 대한 제사를 1년에 한 번 지내는 것이 관행이 되었다.)

1969년 '가정의례 준칙' 제정으로 2대 봉사를 권장.

1999년 '건전가정의례의 정착 및 지원에 관한 법률'로 개정.

기제사는 제주(祭主)부터 2대조까지로 하며(제20조 제1항)

기제사는 매년 조상이 사망한 날에 제주의 가정에서 지낸다(제20조 제2항).

오늘날에는 차례나 제사에 공식적인 규칙이 없지만 과거에는 분명히 있었다는 자료가 있다.

조선 후기의 학자·정치가인 '이재 (李縡)'가 편술한 우리 전통 차례 방식을 담고 있는 《사례편람(四禮便覽)》에는 관혼상제의 사례(四禮)에 '무릇 제사는 지극한 애경지심이 중요하며, 집안이 가난하면 형편을 헤아려 할 것이고, 병이 있으면 제사를 치를 근력이 있는지 살펴 행하고, 재력이 충분하면 마땅히 예절에 따를 것이다'라는 재정적 상황과 신체적 상황을 고려해서 차례나 제사를 지내라는 뜻을 전한다.

196

2024.9.17 추석 차례상

위드코로나(With corona)에서 엔데믹((Endemic)으로 가는 길

2023년,

우리나라 : 3월 20일
  대중교통과 대형시설 내 개방형 약국에서도 마스크 착용 의무 해제.
세계보건기구 : 5월 5일
  COVID-19 '국제 공중보건 위기상황 (PHEIC)' 선포 해제.
  (2020년 1월 30일 위기 상황 선포)

COVID-19 예방 접종 뒤에도 해당 질병에 감염되고, 변이 바이러스 출현 등으로 COVID-19의 완전 퇴치는 어렵겠다는 인식과 오랜 방역 조치로 심각하게 어려워진 경제를 회복하기 위해서 새로운 방역체계를 도입할 수밖에 없는 상황이 되었다.

즉, 아직도 COVID-19가 진행되는 상황에서 코로나 바이러스 극복이 불가능하니 COVID-19라는 질병과 함께 살아가면서 점진적으로 일상으로 복귀해 보자는 '위드코로나(With corona)' 시대로 접어든 것이다.

2021년 8월 영국을 필두로 싱가포르, 프랑스, 독일, 덴마크 등의 국가에서 새로운 코로나 방역 정책으로 위드코로나를 도입했다. 우리나라 질병관리청도 노령층 90% 백신 접종 완료, 일반 국민 80% 접종 완료 뒤, 위드코로나 도입을 계획했던대로 실시한 것이다.

더이상 COVID-19를 중대한 질병으로 취급하지 않고 감기와 같은 일상적인 질병으로 여겨 계절성 독감에 타미플루(Tamiflu)가 있듯 COVID-19 치료 의약품이 필수적으로 준비되어 있어야 할 시점이다.

이제까지는 COVID-19의 특성상, 감염자가 기침·재채기를 할 때 침 등으로 바이러스나 세균이 섞여 나와 타인의 입, 코로 들어가 감염되는 것을 막기 위해 마스크 착용과 개인 접촉을 피하기 위한 사회적 거리두기가 일상화되었었다.

이제 위드코로나 상황에서는 마스크를 벗어 버리고, 거리두기를 중단하고, 여러 사람과 자유롭게 모여도 된다는 것이 아니다.

우리는 개인 방역을 위해 각자가 알아서 감염병이 종식될 때까지 최소한 마스크 착용은 유지해야 할 일이다.

이제 남은 방역 완화 조치인 엔데믹(Endemic : 종식되지 않고 풍토병으로 굳어진 감염병)이 되려면 최소한 수십 년이 걸릴 것이라고 전문가들은 전망하므로 그사이에 취약층(노약자)은 정기적으로 백신을 맞고, 개인 각자가 방역에 각별히 신경을 써야 할 듯하다.

우리나라에 2020년 1월 20일 첫 확진자가 발생한 이래 우리 일상생활에 여러 면에서 많은 변화가 일어났다. 우리의 의식주(衣食住), 그중 음식에 대한 의식 변화가 흥미롭다.

사회적 거리두기 및 이동 제한으로 인해 종전처럼 마음 놓고 식당을 찾을 수도 없게 되었다. 가족들이 모두 집 안에서 시간을 보내게 되어 먹거리 문제 해결이 큰 문제로 대두되더니 얼마 뒤, 해결 방법으로 두 가지 현상이 나타났다.

배달 음식을 이용하는 사람들과 집밥을 만들어 먹는 사람들로 나뉜 것이다.

배달 음식은 시간과 노력을 들이지 않고도 다양한 음식을 즐길 수 있지만 건강을 생각하면 고칼로리, 지방, 나트륨 등 음식을 가려 잘 선택해서 주문해야 하는 어려움이 있고, 잦은 주문으로 경제적인 부담이 될 수도 있다.

반면 집밥을 만들어 먹는 사람들은 식사를 준비하면서 건강에 좋은 신선한 재료, 영양 가치 등을 살피게 되고 배달 음식보다 경제적이긴 하지만 음식 준비, 요리, 청소 등에 많은 시간과 노력을 투자해야 한다. 또한 집에서 만드는 음식에는 다양한 메뉴를 즐길 수 없다는 것도 흠이다.

그동안 우리는 이런저런 경험을 통해 집에서의 식사를 소중히 생각하게 되었고, 건강(집밥)과 다양성(배달)을 고려한 식단을 함께 취하는 방법을 찾아보기도 했다. 집에서 식사를 준비하면서 가끔 배달 음식을 주문하여 건강한 식단에 다양한 음식을 즐길 수 있도록 적절히 조절하는 것이다.

이제는 집에서 요리 담당은 전적으로 주부라는 생각이 바뀌어 젊은 남성들뿐 아니라 은퇴한 남성들까지 레시피 검색, 요리 채널 시청 등을 통해 요리를 시도한다는 소식들이 들린다. 말할 것도 없이 집밥이 단점 (시간과 노력 투자)만 없다면 바람직한 식사 해결 방법이므로 가족 구성원이 누구나 다양한 요리를 배워 가족과 함께한다면 가족 간의 돈독함 조성까지 덤으로 얻을 수 있어 가정문화까지 자연스럽게 바람직한 방향으로 자리를 잡아가게 될 것이다.

생각해보면, COVID-19가 미운 짓만 한 것이 아니라 우리에게 깨달음을 준 것도 많다.

- 어린아이들부터 외출 시 마스크를 스스로 챙기고 귀가 후에는 바로 화장실에 가서 손을 씻을 줄 알게 되었다. 어렵기만 했던 학교나 가정에서 가르쳤던 개인위생과 보건교육이 어느 사이에 어린이 스스로 자신을 보호할 수 있게 자리를 잡은 것이다.
- 이제는 식구들이 모두 아이들이나 부모들이 학교나 직장이 끝나면 집으로 바로 모이면서 가족들이 함께하는 시간이 늘어 가족 간의 대화, 함께하는 활동, 식사 시간 등을 통해 가족 사이의 소통이 강화되고 가정의 결속력이 높아졌다.
- 모든 사회활동에서 대면활동이 제한되어 온라인 회의, 비대면 교육 등을 통해 소통과 연결이 가능하게 되었으며, 외부로 나가지 않고도 온라인 쇼핑 등으로 물품을 구매할 수 있게 되었다.
- 지구촌의 어느 한 나라가 힘들게 되면 모든 나라에서 똑같은 어려움을

겪게 된다는 것을 경험하고, 의료진과 보건당국의 헌신적 지원, 취약 계층 이웃돕기 등을 통해서 우리가 함께 사는 지구촌 속의 모든 사람들과 어려운 시기를 극복하기 위해 협력하고 지원해야 함을 깨닫게 되었다.

• 급박한 상황에 처해서야 우리의 삶에서 중요한 것이 무엇인지 우선순위를 생각하는 기회를 갖게 되었다. 우리의 삶에서 필수적인 것에 집중하고 그 외는 간소화하는 등 생활 방식을 변화시켜 무심히 살아온 삶의 방향을 바로 세워야겠다는 생각을 하게 된 것이다.

COVID-19는 나이든 사람에게도 자신의 사고방식과 생활 태도를 다시 생각하게 만드는 기회를 주었다.

가끔 TV에 유명인들이 나와 유니세프(UNICEF)를 대신해 도움을 구하는 모습을 볼 때마다 우리나라도 어려운 어린이가 얼마나 많은데 외국 어린이들까지 신경을 쓸 여유가 어디 있느냐는 생각으로 지나쳤었다.

뒤늦게 알게 된 유니세프(UNICEF)란

"유엔 국제 아동기금(United Nations International Children's Emergency Fund)의 약자로 기금을 모아 가난한 개발도상국이나 제3세계 국가들의 빈민 가정 아동들을 위해 지원하고 보호하기 위해 설립된 기구다(유니세프는 156개 가난한 국가의 어린이를 위해 활동한다).

지원이 필요한 개발도상국에는 국가사무소(Country Office)를, 선진국 33개국에는 유니세프 국가위원회 (UNICEF National Committee)를 설치해 운영한다. 대한민국은 국가사무소를 설치했던 국가에서 국가위원회가 설치된 국가로 변경된 유일한 국가이다. 즉, 회원국 중 유일하게 수혜국에서 지원국으로 바뀌었다는 뜻이다."

전혀 몰랐었다.

알려고도 하지 않았던 나이든 사람에게 COVID-19는 지구를 한 마을처럼 생각하고 지구촌 식구들과 서로 협력하며 지내야 함을 알게 해 준 것이다.

개인적으로는 집안일 중

- 시장은 꼭 가서 직접 식품을 살펴보고 유효기간을 확인해야 한다는 생각을 고집하던 사람이 외출을 자제해야 하는 상황에서 물건을 구입하는 방법은 책상에 앉아 주문하는 온라인 구매밖에 없게 되었다.
- 흩어져 사는 아이들과 일주일에 한 번 가족 ZOOM 시간에 만나기도 한다.
- 미세먼지가 심해도 마스크를 찾지 않았던 사람이 항상 마스크를 찾게 된다.
- 사회적 거리두기를 계기로 제사 등의 가족 행사에 참석이 어려워지면서 기제사와 차례의 간소화와 건전가정의례준칙에 따르는 것 등을 고려하게 되었다.
- 밥집과 배달하는 집을 적절히 조절한다고 마음먹고도 쓰레기가 무서워 배달은 못 시키고 식사 시간이 좀 지나 늦게 식당을 찾기도 한다.
- COVID-19로 달라진 것 중 손님 접대를 집에서 안 하게 된 것도 들어 있다.

집에서 지인들과 함께하는 만남은 가지지 못하고 올해는 집밥과 배달 음식을 절충한 손님 접대를 시도해 보았다. 야외 음식점에서 식당 측에서는 고기만 제공하고 집에서 몇 가지 음식을 장만해 만남을 가졌는데도 의미 있는 시간을 갖는 데는 부족함이 없었다.

  역시 '인간은 적응하는 존재'다.
  위드코로나 속에서도 우리들은 인간이기에 생존을 위해 유연하게 잘
대처하며 어떤 상황에서도 적응하여 이 위기를 잘 극복하리라는 믿음
을 가지게 된다.

"코로나19 새 변종 재확산 우려"

  최근 캘리포니아에서 코로나19 재유행 조짐이 보이고 있다. 오미크론의
하위 변종인 'FLiRT(플러트)'가 확산하면서 코로나19가 다시 유행할 수 있
다는 보건 당국의 경고가 나왔다. 아직은 그 영향이 미미하지만 신종 변이
의 확산과 면역력 약화는 노년층이나 면역체계가 약한 사람 등 취약 계층
에 특히 우려되는 문제다. 주 보건당국은 주민들에게 대비할 것을 경고하
고 있다.
  의사들은 중증 환자가 급격히 증가하지 않고 있으며 코로나19 수치는 비
교적 낮은 수준을 유지하고 있다고 말한다, 그러나 감염이 증가하여 여름
코로나 바이러스 시즌이 일찍 시작될 수 있다는 징후가 예상되고 있다. 백
신을 맞는 게 우선이고 기침 및 감기 증상이 시작되면 3~5일 연속으로 매
일 코로나19 검사를 해야 한다. 아픈 사람들과의 접촉을 피하고 일련의 증
상을 '감기'로 치부하지 말아야 한다. 의사들은 특히 코로나19로 인한 중증
합병증 고위험군의 경우 최신 백신 접종을 고려할 것을 강조했다.
                              (2024. 5. 29. 하은선 기자. KOREATIMES.COM)

디지털 디톡스(Digital Detox)가 필요한 시대

　나이가 들어도 지인들과의 만남은 언제나 반갑고, 반가운 만큼 할 말도 많다. 떠들썩한 식사 주문을 끝내고서야 건너편에 앉아 있는 젊은 연인인 듯한 두 사람에게 눈길이 간다. 아마도 우리보다 먼저 와서 주문을 끝내고 음식 나오기를 기다리고 있는 것 같다. 멀리서 보면 두 사람이 서로 쳐다보지도 않고 머리를 숙이고 말없이 앉아 있는 것 같이 보이지만 각자 휴대폰으로 볼일들을 보고 있을 것이다.

　어디서나 볼 수 있는 낯설지 않은 광경을 보면서도 아날로그 시대 사람에게서 '저럴려면 뭐하러 여기까지 와서 저러고들 있는지 모르겠다'는 한마디가 나온다.

　나이든 사람이 공연히 알지도 못하는 사람들에게 언짢은 소리를 하는 것은 남의 일 같지가 않아서라는 걸 친구들은 잘 안다.

　어쩌다 아이들 집에 가 보면 식구들마다 자기 방에서 기계와 마주하고 앉아 있다. 식구들이 모이는 때는 식사 때뿐이어도 손에는 각자 스마트폰이 들려 있다. 우리나라뿐만 아니라 재택근무가 보편화된 나라에서는 집에서 일하는 부모들이 하루종일 스케줄에 잡힌 영상회의를 포함해 모든 일이 기계 앞에서 이뤄지는 것을 보면서 아이들도 똑같이 닮아간다.

날씨 좋은 여름방학에 친구들과 뛰어놀아야 하는 아이들이 각자의 방에서 말도 못하는 기계와 하루종일 함께 지내면서 자기 마음대로 기계를 다루고, 성질을 부려도 반응이 없어 싸울 일이 없다. 다 큰 아이들은 사생활(privacy) 보호를 내세워 문까지 닫고 잘 시간이 넘었는데도 늦게까지 기계와 지내다 몇 시간 못 자고, 학교로 직장으로 간다. 학업이나 일들을 제대로 할 수 있는지 걱정스럽다가도 건강이 더 걱정된다.

실제로 수면 부족으로 수업 시간에 자는 학생들이 있어도 요즘에는 교사들이 학생들을 깨우는 것도 조심스러운 시대다. 중학교에 입학한 1학년들은 모두 병원에 가서 건강검진을 하며 비만도 검사를 받게 되어 있다. 인터넷중독 검사도 하는데 위험 단계 학생들은 교육청 치유 프로그램에 참석해 도움을 받도록 하고 있다. 또한 정서행동특성 검사를 실시해 우울지수, 자살지수가 높은 학생들은 주기적으로 상담하고 학부모 상담도 병행하며 위험한 수치의 학생은 학부모의 동의를 얻어 외부 전문가나 병원 상담으로 연계해 주고 교육청에서 치료비 지원도 해준다. 가끔 분노조절장애(간헐적 폭발성 장애)를 가진 학생이 친구들을 곤란하게 해도 부모의 동의가 없으면 학생이 치료받을 수 있는 길도 막혀 전체 학생들이 피해를 받는 경우도 생긴다.

전에 없던 이런 일들이 어린 학생들에게 크게 영향을 미치고 있는 것은 스마트폰, 컴퓨터 등 디지털 기기에 대한 의존도가 높아지면서 디지털 기기 과다 사용으로 인해 우리나라뿐 아니라 전 세계에 큰 사회적 문제가 되고 있다는 것이다.

어린 학생부터 성인들까지 처음엔 통화 위주로 사용하던 스마트폰으로 음악, 동영상, 책, 뉴스, 게임 등 개인의 취향과 관심사에 맞는 다양한 형태의 미디어를 즐긴다. 또한 스마트폰을 통해 소셜네트워크 서비스에 접속하여 페이스북, X(엑스, 구 트위터), 인스타그램 등을 통해 정보를 공유하고 다른 사람들과 의견을 나누고 소통할 수 있다. 하지만 스마트폰이 개인의 편의를 높이고 다양한 분야에서 개인화된 경험을 제공하는가 했더니 디지털 기기(컴퓨터, 스마트폰) 과다 사용으로 21세기를 사는 현대인들에게 심각한 문제들을 안겨주게 된 것이다.

- 장시간 고개를 숙이고 스마트폰을 보는 자세는 목뼈에 부담을 주어 거북목 증후군을 유발한다. 이는 목 디스크, 어깨 통증, 두통 등으로 이어질 수 있다.
- 스마트폰 화면을 장시간 응시하면 눈의 피로가 누적되고, 깜빡임이 줄어들어 안구건조증이 발생할 수 있다. 시력 저하 등 안구 문제가 발생할 수 있다
- 잠자리 직전 스마트폰 사용은 뇌를 활성화시켜 숙면을 방해하며 블루라이트는 멜라토닌 분비를 억제하여 수면 리듬을 깨뜨린다. 불면증, 낮 동안의 졸음, 집중력 저하 등이 나타난다.
- 스마트폰 중독은(사용 시간이 긴 사람들은) 우울증, 불안감, 외로움 등 정신 건강 문제가 발생할 가능성이 높다.

• 스마트폰을 장시간 사용하면 손목에 반복적인 자극이 가해져 손목터널 증후군이 발생할 수 있다. 손목 통증, 손가락 저림, 감각 마비 등이 나타난다.

특히 성장기의 아동과 청소년에게 지나친 디지털 기기 사용은 학생들의 정신적·신체적 건강을 해치고 결국 학업에까지 부정적인 영향을 미친다. 기계만을 상대한 결과 자기중심적인 사고와 행동으로 실제 생활에서 친구를 포함한 모든 사람과의 인간관계가 원만할 수 없게 된다. 때에 따라서는 분노조절이 어려워 힘든 일이 발생할 수도 있다. 성장기에 학업 못지않게 중요한 것이 바람직한 인간관계 형성이란 점을 감안한다면 어릴 때부터 친구들과 함께 어울려 지낼 수 있는 다양한 기회를 제공해 사회성 발달을 도와야 한다.

• 아이들의 활동량을 감소시켜 비만의 원인이 될 수 있다.
• 학습 집중력을 저하시켜 학업 성적에 부정적 영향을 미칠 수 있다.
• 눈 건강이 악화될 수 있다.
• 수면 부족은 성장기 어린이의 건강에 악영향을 미친다.
• 스마트폰 중독, 사이버 폭력, 우울증 등 정신 건강 문제 발생이 높아진다.
• 대면 관계보다 스마트폰에 의존하게 되면서 사회성 발달이 저해될 수 있다.

청소년기의 학생들은 학교 방과후 축구, 농구, 야구 등 다른 학교와 정기적으로 시합을 하는 '학교스포츠 클럽 대회'에 참가하는 등 방과후

봉사활동, 취미활동, 각종 동아리 활동에 참여해 본인의 적성과 장점(우월한 면)을 발견해 진로 결정에 자신감을 갖고 삶을 긍정적으로 대할 수 있는 기회를 찾을 수도 있다.

현대인의 필수품인 된 휴대폰을 자신의 건강을 지키고 편리한 기기로 잘 활용하는 방법을 정리해 보았다.

- 30분마다 스마트폰 사용을 중단하고 눈을 쉬도록 해 규칙적인 휴식를 취한다.
- 스마트폰을 눈높이에 맞추고 허리를 곧게 펴 바른 자세를 취한다.
- 화면 밝기를 어둡게 하고, 블루라이트 차단 기능을 활용한다.
- 잠자리 1시간 전부터는 스마트폰 사용을 자제한다.
- 목과 어깨 근육을 스트레칭하고 규칙적으로 가벼운 운동을 한다.

나이 든 사람도 아픈 곳이 생기면 병원을 찾기 전에 인터넷, 유튜브를 먼저 찾게 된다. 병원 원장님들이 운영하는 몇 군데를 돌아보고 내킨 김에 효과가 있다는 약, 음식 등을 찾아보노라면 꽤 시간이 흐른다. 요즘엔 ChatGPT 와 친구가 되어 조금이라도 궁금한 건 그냥 지나치질 못하고 지내느라 시간을 많이 뺏기는 것 같다.

일 년에 한두 번 아이들을 보러 가게 되면 공항 도착 즉시 우리 통신사에서 로밍을 할 건지 여부를 문자로 타진해 온다. 아이들은 현지에서 혼자 외출했을 때 집이나 자기들에게 연락할 일이 생기면 유심칩이 필요하다고 권해 어느 쪽을 택할지 고민스러웠던 때가 있었다. 결론은 중요한 일을 하러 나온 사람도 아니고, 이참에 전화기와 거리를 두고 지내보기로 했다. 가는 곳마다 와이파이(wifi) 확인하고 비밀번호를 기입해야 볼일을 볼 수 있는 번거로움은 있지만 차 안에서도 그곳 통신사에 가입한 아이들 옆에 있으면 휴대폰 사용이 가능해 별 어려움은 없었다. 하루 한 번은 전화기 충전을 하던 것을 3~4일에 한 번 하게 되고 얼마 동안의 시간이 지나니 매일 아침 집 아이들에게 예쁜 사진 보내던 것도 잊고 지나가게 되었다. 아직 중독상태는 아니었었기에 좀 답답하다 말았던 것 같다고 우스갯소리를 했던 기억이 난다.

어릴 때부터 디지털 기기와 친숙하게 접해왔다는 이유로 미디어의 영향을 크게 받은 세대들의 어려움을 돕기 위해 나타난 미디어 리터러시(Media Literacy) 교육은 현대사회에서 더욱 중요해지고 있다.

미디어를 통해 전달되는 정보를 비판적으로 생각하고, 올바른 판단을 내리는 능력을 갖추어 이를(미디어) 활용해 자신의 생각과 의견을 표현하고 다양한 사람들과 소통하며 상호작용하는 능력을 갖출 수 있도록 도와주려는 이 교육을 통해 청소년들 자신들도 기꺼이 협조하며 자신의 건강을 찾으려고 노력하는 걸 본다.

디지털 디톡스(Digital Detox)란

• 디지털 기기로부터 벗어나 정신적, 육체적 건강을 회복하는 것을 의미한다. 스마트폰, 인터넷, SNS, 게임 중독으로부터 벗어나 심신을 치유하는 것.

• 디지털 기기의 사용을 줄이고 자연과 사람과의 교감을 통해 균형 잡힌 삶을 추구하는 것(각종 전자기기 사용을 줄이고 독서, 친구와의 만남, 가족과의 시간을 갖고 운동, 취미활동, 여행 등을 통해 몸과 마음을 회복하는 현상).

디지털 기기 과다 사용의 부작용을 해소하고 건강한 삶을 되찾기 위한 해결책으로 디지털 디톡스를 위한 실천 방법을 정리해 보면,

• 전화나 메시지 등의 알림만 받고 SNS나 다른 알림은 꺼놓는 등 알림 설정을 최소화한다.
• 취침전에 스마트폰을 사용하지 않는 습관을 가진다.
• 충전기에서 분리하여 방밖에 두는 등 특정 시간대에는 스마트폰 사용을 자제하여 스마트폰 사용 시간을 줄인다.
• 책을 읽거나 운동을 하고, 취미 활동을 즐기며 디지털 기기와 무관한 활동을 한다.
• 숲이나 공원을 산책하거나 자연 속에서의 취미 활동을 통해 마음을 안정시킨다.
• 가족, 친구들과의 대화 시간을 늘려 대면 소통을 통해 관계를 강화한다.
• 일주일에 하루는 스마트폰을 끄고 디지털 기기를 전혀 사용하지 않는 날(디지털 디톡스 데이)을 설정하는 등 자신에게 맞는 디지털 디톡스 방법을 찾아 실천한다.

디지털 디톡스를 통해 얻을 수 있는 효과

- 디지털 정보 과잉으로부터 벗어나 정신적인 안정을 찾을 수 있다.
- 디지털 기기 사용 시간을 줄여 집중력을 높이고 업무 효율을 개선할 수 있다.
- 현실 세계와의 소통을 늘리고 타인과의 관계를 더욱 돈독하게 만들 수 있다.
- 새로운 아이디어를 얻고 창의적인 활동을 할 수 있는 시간을 확보할 수 있다
- 디지털 기기 사용으로 인한 수면 방해를 줄이고 숙면을 취할 수 있다.

> 디지털 디톡스는 단순히 디지털 기기를 멀리하는 것이 아니라, 디지털 기기 과다 사용으로 인한 부작용을 해소하고 건강하고 행복한 삶을 위한 하나의 필수적인 방법이다.

스마트폰은 편리한 도구이지만 과도한 사용은 개인과 사회에 심각한 문제를 야기할 수 있다. 학교, 사회, 정부는 협력하여 특히 어린이들이 스마트폰을 건강하게 사용할 수 있도록 다양한 노력을 기울여야 한다.

디지털 기기 과다 사용을 다루는 학교, 사회, 정부 차원의 대처 방안

- 학교 : 수업 시간 중 스마트폰 사용 금지, 스마트폰 사용 시간 제한 등 규정을 마련하고 지도한다. 미디어 리터러시 교육을 통해 정보 비판 능력, 건전한 미디어 이용 방법 등을 교육하여 스마트폰을 건강하게 사용할 수 있도록 돕는다. 스마트폰 대신 다양한 놀이 활동, 독서, 운동 등을 제공하여 건강한 여가 활동을 장려한다.
- 사회
  - 부모 교육 : 자녀의 스마트폰 사용에 대한 부모의 역할과 중요성을 강조하고, 자녀와 함께 스마트폰 사용 규칙을 정하는 것을 지원한다.
  - 미디어 환경 개선 : 유해 콘텐츠 차단, 건전한 미디어 콘텐츠 제작 및 유통 등 건강한 미디어 환경을 조성한다.
  - 민간 기업의 참여 : 스마트폰 제조사, 통신사 등 민간 기업과 협력하여 건강한 스마트폰 사용을 위한 기능 개발 및 서비스 제공을 유도한다.
- 정부 : 청소년 보호법 등 관련 법률을 개정하여 청소년의 스마트폰 사용을 제한하고 유해 콘텐츠로부터 보호해야 한다. 스마트폰 중독 예방 프로그램 개발 및 운영, 관련 연구 지원 등 정책적 지원을 확대해야 한다.
- 다른 국가와의 협력을 통해 국제적인 차원에서 스마트폰 중독 문제 해결을 위해 노력한다.

참고)

거북목증후군

스마트폰, 컴퓨터 사용 증가와 같은 생활습관 변화로 인해 현대인의 고질병이라고 할 만큼 흔하게 나타나는 질환이다. 스마트폰이나 컴퓨터를 장시간 사용하면서 목이 앞으로 굽어 거북이처럼 보이는 자세를 말한다.

우리 머리의 무게는 평균 5~6kg 정도이다.

목을 15도만 구부려도 머리의 무게가 약 12kg으로 증가하고, 60도로 구부리면 무려 27kg에 달하는 무게가 목에 실리게 된다. 이는 지렛대의 원리와 같아 목뼈에 부담이 가중되기 때문이다.

- 목을 앞으로 빼는 자세를 오래 유지하면 목, 어깨, 등 근육이 긴장하고 경직, 이러한 근육의 긴장은 통증을 유발하고 혈액순환을 방해하여 근육과 인대에 무리를 줄 수 있다.
- 목뼈 사이의 디스크는 충격을 완화하고 유연성을 제공하는 역할을 하는데 거북목으로 인해 목뼈가 비정상적인 각도로 휘어지면 디스크에 과도한 압력이 가해져 퇴행을 촉진하고, 디스크 탈출증과 같은 질환으로 이어질 수 있다.

거북목증후군이 주는 영향

- 가장 흔하게 나타나는 증상으로 목과 어깨 주변 근육이 뭉치고 뻐근하다.
- 목의 근육 긴장이 심해지면 두통이 발생할 수 있다.
- 목디스크를 압박해 팔의 신경이 눌려 팔이 저리고 감각이 둔해진다.
- 목 근육의 긴장은 식도를 압박하여 소화불량을 유발할 수 있다.
- 통증으로 숙면을 취하지 못해 집중력이 떨어져 업무 효율이 감소할 수 있다.

거북목증후군 예방 및 관리

모니터 높이 : 눈높이와 비슷하게 맞춘다.

의자 높이 : 허벅지가 바닥과 수평이 되도록 조절한다.

등받이 : 허리까지 받쳐주는 의자를 사용하고 등을 기대어 앉는다.

팔꿈치 : 책상 위에 올려 편안하게 유지한다.

손목 : 키보드나 마우스를 사용할 때 손목이 꺾이지 않도록 한다.

발 : 바닥에 닿도록 한다.

　목, 어깨 등 근육을 주기적으로 스트레칭하여 근육의 긴장을 풀어준다. 장시간 같은 자세로 있지 말고 틈틈이 자리에서 일어나 스트레칭을 한다.

전문가 상담 : 증상이 심하다면 정형외과, 신경과 등을 방문하여 전문적인 진료를 받는다.

　거북목증후군은 단순히 불편한 자세를 넘어 다양한 질환을 유발할 수 있는 심각한 문제이다. 평소 바른 자세를 유지하고, 건강한 목을 유지하는 것이 중요하다.

우리는 모두 생명체(生命體)이며 생물체(生物體)이다

가끔 TV 드라마에서 잠자리에 든 애기에게 엄마, 아빠가 책을 읽어 주는 장면을 본다. 하루 동안 서로 떨어져 지냈던 식구들 간의 사랑을 확인하는 시간으로 활용하는 듯 재미있는 내용이거나 교훈적인 이야기를 들으며 아이가 편안히 잠들 때까지 이어지는 식구들의 모습을 보면 하루의 일과를 바람직하게 마무리하는 것을 보여주는 듯하다.

우리도 어릴 때 엄마, 아빠가 아닌 할머니로부터 옛날이야기를 들었던 기억이 있다. 생각해 보면 사랑을 전하는 내용이나 가르침을 위한 이야기도 아니었던 것 같고, 어린아이의 잠을 재우는 목적도 아닌 말 그대로 옛날부터 전해 내려오는 이야기였던 것 같다.

자라면서는 오며 가며 어른들로부터 이해하기 힘든 이야기를 듣기도 했다.

'대추나무에 대추를 많이 열리게 하려면 염소를 매어 놓는다고 한다.'

돌아다니던 염소를 묶어 놨으니 풀어줄 때까지 고삐를 당기며 나무를 흔들어 대었을 것이고, 대추나무는 위기의식을 느껴 자기가 살아 있는 동안에 열매를 번식시키려는 필사적 노력을 (대추를 많이 열도록) 하게 된다는 내용이었을 텐데, 듣는 아이들과 어른이 의사소통이 안 되었던 듯 이해를 못하고 듣기만 했다.

좀 더 나이가 들어서 듣게 된 산에 있는 소나무 이야기,

가끔 소나무 중에 유난히 솔방울이 많이 달린 소나무는 문제가 있는 소나무로 보면 된다. 지금 자기가 뿌리를 내리고 있는 곳이 살기 어려운 환경이거나 뿌리나 줄기에 문제가 생겨서 언제 건강이 안 좋아질지 몰라 자기 자손을 많이 번식시키기 위해서라는 이야기다.

얼마 전에는 토마토가 가뭄에 생존하는 이유가 뿌리에서 '코르크질' 이라는 발수성 고분자 물질이 생산되어, 물이 잎으로 빠르게 이동해 증발하는 것을 차단하는 역할을 해, 가뭄에 대처하는 기능을 가지고 있기 때문이라는 기사를 읽었다.('시오만 M 브래디 미국 켈리포니아대학교 식물생물학과 교수 연구팀'이 국제학술지 〈네이처 플랜츠〉에 발표)

요즘엔 7대 영양소라고 알려진, 식물이 자기 생존을 위해 자외선, 해충, 미생물로부터 스스로를 방어하기 위해 만들어 내는 물질(Phytochemical) 이 우리 인간의 몸을 건강하게 하는 기능을 가지고 있어 색깔 있는 과일과 채소들을 먹어야 도움을 받을 수 있다는 것도 알려준다.

식물이 우리가 막연히 생각해 왔던 그런 식물들이 아니지 않는가.

가끔 우리 인간들이 사용하는 '식물인간'이란 단어를 쓰는 것도 자제해야 할 듯하다.

차고에 딸아이 차가 들어오는 소리가 들렸는데 뒤뜰로 바로 갔는지 집 안으로 들어오는 기척이 없다. 오랜만에 와 있는 엄마보다 먼저 인사를 하러 간 모양이다. 며칠 전 외출 임박해서 그때 아니면 시간이 안 된다고 부득이 마무리를 해 놓고 나간 일이 잘못되어 요 며칠 일도 손에 안 잡히는 듯해 보인다.

용설란(Agave pups)을 2년 전에 엄마가 왔을 때, 앞뜰에 같이 심어놨었는데 거기서 벌써 새끼들을 받아 뒤뜰 경사진 곳에 제법 많은 새끼들이 자리를 잡고 있다. 이번에도 7개를 받아냈는데 아무래도 두 녀석을 잘못 다룬 것 같다고 걱정이다.

부모의 뿌리 시스템에서 자라나는 새로운 식물 싹이어서 어미가 새끼를 키운 곳이라 잘 자라겠지만 아무래도 새끼 이식 과정에서 뿌리를 다친 것 같아 걱정인 것이다.

모(母)식물 주위에 너무 많은 작은 "새끼"들이 붙어 있어 발굴하는 데 조심한다고 해도 어쩔 수 없는 일은 벌어질 수 밖에 없을 것 같다는 생각이 들었었는데 이제는 문제의 두 녀석들이 살아야 할텐데 은근히 걱정이 된다.

언젠가 지인에게서 '친구가 꼭 사람일 필요는 없다'고 하는 말을 들었을 때, 사람과 더불어 정서적 교감을 나눌 수 있는 반려동물만을 생각했었는데 생물체인 식물도 포함된다는 것을 요 며칠 사이에 알게 되었다.

며칠을 옆에서 지켜보면서 이쯤 되면 친구, 식물 친구라는 생각을 하게 된 것이다.

서울시에서 2017년부터 계속해서 저소득 홀몸 어르신들을 대상으로 반려식물 보급 사업을 시행하고 있다는 소식이다. 외로운 어르신들에게 애정을 쏟을 대상을 제공하여 함께하며 돌보는 일거리를 만들어 드려 작은 움직임(신체활동)을 통한 건강 관리, 정성 들인 만큼 잘 자라주는 식물을 보며 마음에 위안을 느끼고 정서적 안정을 얻어 우울감이나 외로움을 해소해 삶의 활력을 얻을 수 있길 기대하는 것이다.

실제로 농촌진흥청은 "반려 식물이 행복 호르몬인 세로토닌 분비를 촉진해 우울감을 낮추고, 스트레스 호르몬 분비를 억제해 대사성 만성질환자의 비만 지표인 허리둘레가 줄어드는 효과가 있다"고 알려준다.

'노인 대상 반려식물 보급' 사업 만족도가 높아 여기에서 영향을 받아 2023년 서울시가 추진한 또 다른 사업이 사회적 관계 단절로 어려움을 겪는 '고립·은둔 청년 대상 반려식물 보급 사업'이다.

만 19~39세 고립·은둔 청년이란 정서적 물리적 고립 상태가 최소 6개월 이상 지속되는 경우를 '고립'으로, 외출 없이 집에서만 생활하는 상태가 최소 6개월 이상 이어지는 경우를 '은둔'으로 정의, 주거환경에 맞는 반려식물을 보급하고 있다고 한다.

사회 단절로 힘들어하는 청년들에게 반려식물을 가까이 두고 의지하며 식물과 정서적 교감을 통해 심리적 안정감을 얻어 사회 적응에 도움이 될 것을 기대하는 사업이다. 물론 시에서 제공하는 40여 개의 프로그램(예술, 운동, 취미, 원예 등) 중 하나로 실시하는 것이지만 정서 회복을 돕는 어르신들에게서 나타난 효과가 청년들에게도 분명히 나타날 것이다.

식물의 번식 기능은 이번에 용설란(Agave pups)을 통해 직접 확인할 수 있었고, 인간, 동물과 마찬가지로 식물도 세포로 이루어져 있고 성장, 번식, 대사 등의 생명 현상을 보이므로 생명체이면서 동시에 생물체라는 것을 알게 되었다.

생물체인 식물 돌보기는 생명체를 다루는 활동이므로 정서적 유대감을 형성할 수 있게 되어 가족과 이웃 같은 마음으로 사랑을 주고 심리적 안정감을 찾을 수 있다는 것은 당연한 일이다.

같은 생명체이면서 함께 살아가야 할 인간이 동물과 식물을 음식물로 취해야 하는 것은 필수적인 일이다.

불교에서는 모든 존재하는 것은 한 생명이기에 자비의 마음으로 상생하는 삶을 살아야 함을 말하고, 그러기에 땅 위에 살고 있는 모든 생명들을 소중하게 생각해야 함을 우리에게 알리고 있다.

나의 건강을 살리고 동물을 죽이지 않으며(채식은 생명을 살리는 삶의 방식) 하나뿐인 우리 지구를 보호하기 위해서 채식 위주 식단을 택하는 MZ세대 사이에서 '비건'이 하나의 문화로 자리 잡고 있다.

고기를 먹지 않는 채식주의자, 유연한 채식주의자인 플렉시테리언(Flexitarian)과 달리 Vegan은 육류와 생선, 우유, 계란, 꿀 등 동물에서 나오는 식품을 일절 거부하는 사람을 뜻한다.

불자의 영역으로 여겼던 채식은 스님들이 오계(五戒) 중 불살생(不殺生 : 살아 있는 것을 죽이지 않는다)을 일상의 음식 선택을 통해 실천하는 것이다.

그러한 채식이 오늘날 전 세계적인 트렌드로 자리 잡아가고 있는 가운데 불자들의 발우공양 정신에도 우리가 귀 기울여야 할 것이다.

인간이 동물과 식물을 음식물로 취해야 하므로 우리가 음식물로 필요로 하는 자원을 지속 가능한 방식으로 관리하고 환경에 부담을 최소화할 수 있어야 하는 큰 숙제를 안고 있기 때문이다.

발우공양 때 각자 자기 양에 맞추어 먹을 만큼만 발우에 담고 자신이 취한 음식은 하나도 남겨서는 안 되는 것(음식물 낭비를 최소화), 식사가 끝나면 물 그릇에 받았던 물로 발우를 깨끗이 씻는(환경 부담 감소) 등 채식과 함께 발우공양 정신이 우리 모든 생명체에 미칠 영향을 기대한다.

Agave Pups

Bromelaids

새로운 문화

TV 화면에 친구인 듯 한 남자 두 명이 등장한다.

그들은 상점 안, 카운터에 서 있는 여자를 본다. 불안하고 망설이는 듯한 친구에게 옆 친구가 권한다.

'용기 내.'

얼핏 스치고 지나가는 느낌이 다음 장면은 용기 내서 사랑 고백을 할 것 같다.

곧이어 친구는 여자 앞으로 다가가더니 들고 있던 유리그릇(용기)을 카운터에 내려놓는다. 일회용품이 익숙한 시대에 가지고 온 용기에 음식을 담아가겠다고 말하는 것도 용기가 필요한 일인 것은 틀림없다.

혼자 픽 웃었다. 아하! 우리 한글의 출중함이여!

자동적으로 세종대왕께 감사해야 할 차례인데 조금 전에 본 것이 드라마도, 광고도 아니었다는 생각이 난다.

국민을 상대로 한 홍보, 일회용 플라스틱 용기를 줄이자는 메시지가 담긴 장면을 보여주고 있었던 것이 아닌가.

이제야 생각이 난다.

'제로 웨이스트(zero waste)'!
쓰레기 배출을 제로(0)에 가깝게 최소화하자는 것,

폐기물이 전혀 발생하지 않도록 하자는 사회운동이 2010년부터 서서히 불어오고 있더니 우리나라 TV에 도착한 것을 처음 본 것이다.(2023)

미국에서는 Bea Johnson이 10년간 용기를 들고 다니며 일회용 포장을 거절했다는 글을 언젠가 보았다. 일회용 플라스틱에 담긴 제품을 사는 행위는 일회용 플라스틱을 용인한다는 뜻이라고 했었다.

모두들 편리함만을 추구하는 시대에 자발적으로 불편한 삶을 선택한 그녀는 저서 《나는 쓰레기 없이 산다(Zero Waste Home)》에서 가족과 함께 '제로 웨이스트'(zero waste)를 10년간 실천한 경험을 토대로 얻은 결과를 발표했다.

4인 가족이 1년간 배출한 쓰레기 양이 1L 크기의 유리병 하나에 담을 만큼 줄어들었다는 것이다.

쓰레기를 줄이기 위해 집 안의 모든 물건을 최대한 오래 사용할 수 있고 재사용할 수 있는 물건으로 바꾸고 장바구니 사용, 비료화 작업 등 다양한 방법을 실천했다고 한다.

그러나 zero waste는

실제로 우리가 쓰고 있는 모든 것들을 생산부터 재활용이 가능한 소재로 만들려면 생산자의 부담이 커진다. 소비자도 친환경소재, 재활용이 가능한 소재만 사용하려면 경제적 부담이 높아 모든 생활물품을 바꾸기란 쉽지 않다.

쓰레기를 전혀 만들지 않는 zero waste life보다 부담없이 쓰레기 배출을 줄이고 계속해 줄여나갈 수 있는 '레스 웨이스트(less waste)'는 우리에게 필요한 최소한의 물건만 갖춘 삶, 미니멀 라이프(minimal life)로 찾아가는 과정이 될 것이다.

zero waste life도 기본적으로 과도한 소비를 줄여 불필요한 쓰레기를 만들어 내지 않는 것에서 시작한다.

일상에서 할 수 있는 만큼 쓰레기를 줄이고 물건을 쓰레기로 만들지 않는 less waste로 시작해 zero waste로 나아가는 일은 모두가 할 수 있다고 《The Zero Waste Chef》의 저자 Anne-Marie Bonneau 작가는 말한다.

플라스틱이 주는 편리함에서 벗어나 불편함을 감수할 수 있는 용기만 있으면 할 수 있다는 것이다.

Bea Johnson은
'기업은 우리 소비자가 원하는 것을 만드는 곳이다.
일회용 플라스틱이 필요 없다고 소비자로서 요구하라', '기업을 변화시키는 자는 소비자다. 소비자 목소리가 커지면 기업을 움직이게 되고 정부 정책을 바꿀 수 있어 변화를 만들어 낼 수 있다'고 역설한다.

완벽하게 zero waste를 실천하는 소수의 사람만으로 절체절명의 기후위기를 극복할 수는 없는 일이므로 실천할 용기와 할 수 있다는 긍정적인 사고를 가지고 부족하더라도 많은 사람들이 함께 실천하기 위해 노력한다면 우리의 생존을 위해 이 위기를 극복할 수 있을 것이라는 답이 나온다.

Bea Johnson이 쓰레기를 만들지 않는 삶을 위해 플라스틱 없이 사는 방법으로 '5R' 원칙을 소개했다.

- 필요하지 않은 물품은 처음부터 사지 말고, 필요하지 않은 것(전단지, 빨대, 비닐봉지, 사탕 등)은 받지 않고 거절한다(Refuse).
- 꼭 필요한 물건만 구매하고 포장이 적은 제품을 위주로 구매한다. 장바구니, 텀블러를 이용해 일회용 쓰레기를 줄인다. 불가피하게 사용해야 하는 것은 사용량을 줄인다(Reduce).
- 물건 구매 시 재사용이 가능한 물건을 산다(스테인리스스틸 용기, 유리병). 다시 쓸 수 있는 물건은 다시 사용한다(Reuse).
- 생필품을 구매할 때 재활용 마크가 있는 제품을 구매한다. 다시 쓸 수 있는 물건은 다시 사용해 재활용한다(Recycle).
- 재활용할 수 없는 음식물의 경우, 음식물만 모아서 썩혀 비료나 사료로 만든다(Rot).

그 외에 일상생활에서 할 수 있는 일을 찾아보면 :
- 샴푸 대신 계면활성제가 적은 비누 사용(폼클렌저, 바디클렌저, 샴푸, 린스 대신 비누 하나로 사용해 볼 수 있다).

- 청소용품으로 화장실, 부엌, 거실, 세탁기, 유리창 등 전용 세제를 모두 갖다 버리고 식초와 베이킹소다만 사용.
- 쓰레기가 될만한 물건들이 매립지에 가지 않고 다시 집 안으로 들어오게 하는 recycling, upcycling이 환경 오염과 쓰레기 문제를 해결하고 기존의 소비를 착한 소비로 전환하기 위한 대안으로 등장.

오래된 옷이어서 유행에 떨어진 옷을 다시 손을 봐서(리폼) 입는 '리사이클링(recycling,)', 버려지거나 쓸모없는 물건에 가치를 더하여 새로운 물건으로 탄생시키는 디자인이나 활용성 면에서 좀 더 가치 있는 상품으로 만드는 '업사이클링(upcycling) 등은 폐현수막을 활용한 가방, 폐페트병으로 만든 옷, 가방, 신발, 폐타이어로 만든 신발, 폐유리병으로 만든 컵, 폐목재로 만든 노트 등으로 등장하게 되었다.

우리나라는 2022년 11월 24일부터 '일회용품 사용 줄이기' 제도를 시행하다가 2023년 11월 7일 환경부가 일회용 종이컵의 실내 사용 규제를 철회하고 플라스틱 빨대와 비닐봉투 사용을 제한하는 규제의 계도기간을 무기한 연장한 경험이 있어 zero waste 움직임에도 큰 기대를 걸지 않는 분위기이다.

그러나 전국에 플라스틱을 줄이는 것에 동참하는 zero waste 상점들이 늘어나서 우유팩, 멸균팩, 페트병과 플라스틱 뚜껑 등 쓰레기들을 모아 재활용하는 업체로 보내는 등 각 동네를 책임지는 자원순환의 거점역할을 한다는 소식이 들린다.

또한 불편함을 감수하며 소비를 변화시켜 가면서 자신의 일상 패턴을 바꾸고, 기업과 사회에 목소리를 내어 사회 운동으로 번져나가고 있는 것을 보면 새로운 문화가 정착해 가고 있는 것 같다.

특히 최근 MZ세대에서 10명 중 8명은 '가치소비자'로 자신의 신념과 가치에 맞는 제품에 과감하게 투자하는 소비 방식을 가지고(돈보다 가치) 미닝 아웃(meaning out) 소비 트렌드가 쓰레기 배출을 '0'에 가깝게 최소화하자는 움직임인 zero waste 열풍에 동승해 도움을 주는 듯하다.

기후변화가 막을 수 없는 현실이 되어 우리 모두 생존을 위해 해결해야 할 문제여서 전 세계적인 노력이 필요한 일이 되었다.

지금 전 세계가 정부 차원의 정책 마련, 사회 시스템 변화, 국제협력 강화, 학문 간 융합, 미래를 위한 교육 시스템 개편, 기술 개발, 인프라 구축 등에 힘을 기울이고 있는 와중에 우리 시민들도 불필요한 소비 줄이기, 친환경 제품 소비, 중고품 이용(소비 패턴 변화), 채식 위주의 식단, 지역 농산물 소비(식습관 변화), 대중교통 이용, 자전거 이용, 에너지 절약(생활 방식 변화) 등 생각의 전환을 통해 작은 실천부터 시작하여 지속 가능한 미래를 만들어 나가야 할 것이다.

살인적인 폭염, 가뭄, 산불, 강력해진 태풍, 홍수, 산사태는 이제 우리의 일상이 되어 더 자주 발생하고 강도가 강해지고 있다.

거기에 북극 지방의 빙하가 녹으면서 해수면 상승이 발생하고 해안지역과 섬들이 침수될 위험이 있는가 하면, 기후변화로 인해 생태계가 변화하고 많은 종들이 서식지를 잃거나 멸종 위기에 처해 있다. 기후변화로 작물의 성장과 수확에도 영향을 미쳐 식량 생산에 어려움을 초래하고 있으며, 폭염으로 인한 열사병, 전염병의 확산 등 기후변화, 이상기후 현상이 우리 삶과 생태계에 심각한 영향을 미치고 있어 전 세계적으로 큰 문제가 되고 있다.

플라스틱은 제품이 만들어지고(플라스틱 수지의 대부분이 석유에서 얻을 수 있으며 운송되는 과정에서도 온실가스를 배출한다) 폐기되는 순간까지(플라스틱의 폐기·소각·재활용·퇴비화 과정에서 이산화탄소가 배출된다) 기후변화를 가속시키고 있다.

즉, 플라스틱은 생산부터 폐기까지 전 과정에서 이산화탄소와 메탄가스 등 강력한 온실가스를 배출하므로 이러한 플라스틱은 현재 기후변화를 일으키는 주범으로 지목되고 있다.

전 세계는 현재 1년에 약 430만 톤의 플라스틱을 생산하고 있으며, 그중 60% 이상이 곧 폐기물이 되는 일회용 제품이라고 한다.

2022년 OECD에서 발간한 글로벌 플라스틱 아웃룩(Global Plastics Outlook)자료에 따르면 2019년 기준 전 세계 폐플라스틱 발생량은 1년에 약 3억 5천만 톤이며 2060년 예측치는 약 10억 천만 톤에 이를 것으로 전망된다.

폐플라스틱으로 인한 환경오염은 더 심해지고 있어 UN 플라스틱 국제협약은 UN회원국 170여 개국이 플라스틱과 관련한 국제법을 제정하고 있으며 각 나라는 이에 맞게 법을 제정해 플라스틱 문제를 해결하는 방안을 도출하고 있다.

우리는 환경오염을 줄이고 기후변화에 대응하기 위해 지속 가능한 에너지 사용, 재활용, 친환경적인 생활 습관을 실천하도록 노력해야 할 것이다.

한국이 세계적인 IT 강국으로 성장하는 데 결정적인 역할을 한 중요한 요소에는 '한글'이 있었다.

UNESCO 세계기록유산(Memory of the World)으로 등재되어 있는 한글은 자음과 모음의 조합으로 이루어진 과학적인 문자 체계로 컴퓨터 입력시 자연스러운 알고리즘 개발(우리가 원하는 글자를 컴퓨터에게 특정한 규칙을 가르쳐서 원하는 글자로 바꾸게 하는 것으로 예를 들어 영어 단어를 모두 대문자로 바꾸기 : "hello world"라는 문장을 "HELLO WORLD"로, 숫자를 한글로 바꾸기 : "123"이라는 숫자를 "일이삼"으로 바꾸는 것)을 가능하게 하여 빠르고 정확한 입력이 가능하고, 음절 단위로 입력하기 때문에 다른 언어에 비해 입력 속도가 빠르고 오타 발생률이 낮다. 한글은 비교적 적은 수의 자판으로 모든 소리를 표현할 수 있어 스마트폰과 같은 작은 기기에서도 효율적인 입력이 가능하며, 한 글자에 많은 정보를 담을 수 있어 작은 화면에서도 많은 양의 정보를 효율적으로 전달할 수 있다. 또한 데이터 압축에도 유리하여, 통신 환경이 좋지 않은 상황에서도 효율적인 데이터 전송이 가능하다.

이러한 한글의 체계적인 구조는 컴퓨터가 문자를 쉽고 정확하게 인식할 수 있도록 돕는 중요한 요소로 문자 인식 기술 발전에 있어서 다른 언어보다 유리한 조건을 제공하여 우리나라가 문자 인식 기술 분야에서 선두를 달릴 수 있는 기반이 되었다. [예 : 영어의 경우, 같은 소리를 나타내는 다양한 철자(예 : 'phone', 'fone')가 존재하고, 발음과 철자가 일치하지 않는 경우도 많다. 이에 비해 한글은 소리와 글자가 일대일 대응 관계를 가지고 있어 컴퓨터가 문자를 인식하는 것이 더욱 간단하다.]

컴퓨터 입력에 유리한 우리 한글은 자음과 모음의 조합이 간단하여 쉽게 익힐 수 있고 다양한 소리를 표현할 수 있는 과학적인 문자로(마치 레고 블록을 가지고 다양한 모형을 만드는 것처럼) 규칙적이고 체계적인 구조 덕분에 컴퓨터는 한글을 매우 쉽게 이해하고 처리할 수 있고, 한글의 자음과 모음 조합 규칙을 바탕으로 입력된 글자를 정확하게 해석하고, 우리가 원하는 글자로 변환하는 알고리즘을 만들 수 있다(컴퓨터에게 한글의 문법을 가르쳐 주는 것과 같다).

즉 컴퓨터가 한글의 구조를 정확하게 이해하기 때문에 우리는 빠르고 정확하게 컴퓨터에 글을 입력할 수 있다(스마트폰에서 한글을 입력할 때, 몇 글자만 입력해도 우리가 원하는 단어를 정확하게 예측하여 보여주는 기능).

한글의 과학적인 구조는 컴퓨터와의 친화성이 높아 한국 IT 산업의 경쟁력을 높이는 데 기여했으며, 앞으로도 한글은 한국 IT 산업 발전의 핵심 동력으로 작용할 것이고 나아가 한글 AI가 전 세계를 선도할 것을 기대해 본다.

자랑스런 우리 민족!

《훈민정음 해례본(解例本)》
국보 제70호, 유네스코에 세계기록 유산으로 등재.

훈민정음(한글의 옛 이름)
한문으로 쓰여진 예의본(한글의 창제 목적을 설명), 해례본(제자원리와 사용법),
한글로 작성된 언해본(해례본의 예의편을 한글로 번역한 것) 총 3권으로 구성.
1146년에 반포된 훈민정음의 뜻은 '백성을 가르치는 바른 소리'이며
기본자는 28개(자음 17, 모음 11).
1933년 조선어학회에서 기본자를 24개(자음 14, 모음 10)로 바꿈.

언해본(훈민정음 '해례본'의 예의편을 한글로 번역한 글)
'나라의 말이 중국과 달라 문자가 서로 통하지 아니한다.
이런 이유로 어리석은 백성들이 말하고자 하는 바가 있어도
마침내 자신의 뜻을 펼치지 못한다.
내가 이를 가엾게 여겨 새로 스물여덟 자를 만들었으니
사람마다 쉽게 익혀 날로 쓰기 편안케 하고자 할 따름이다.'

보석 같은 나라 주인들

초등학교 5학년이던 막내가 혼자 놀면서 TV에다 대고 훈계조로 이야기 한다.

'네가 모르고 하는 소리야.

rice는 sticky 해야 맛이 있는 거야'

그곳 사람들이 좋아하는 쌀의 특성을 들어 '밥알이 붙지 않고 서로 떨어지는 쌀'이라고 광고를 하는 걸 보고 하는 소리였다. 1980년대 초반, 일 년을 우리나라에서 학교를 다니며 알게 된 지식 중 하나일 것이다.

그 맛있는 찰진 밥맛을 그 막내의 아들아이가 대학을 간다는데 아직도 그곳에서 맛을 보일 수 없다. 그것은 여전히 옛날처럼 벼 종자가 이곳 토양과 기후에 맞지 않은 탓일까?

쌀뿐 아니라 과일들은 어떤가?

추운 겨울, 따뜻한 아랫목에서 물기 많고 적당히 달콤한 맛을 가진 아삭아삭한 배(pear)를 먹고 자랐던 우리나라 사람들은 퍼석하고 물렁물렁한 그곳의 배를 볼 때마다 불고기 재울 때나 사용할 과일이라는 생각을 하게 된다.

입덧하는 따님을 위해 몰래 여행 가방에 배 몇 개를 넣고 열서너 시간을 가슴 조이며 가져오셨던 이웃집 친정어머니가 계셨다. 그분의 무용담을 들을 때도 그 댁 따님에게 농담으로라도 어머니 힘들게 해드렸다고 탓한 사람은 한 명도 없었다. 임산부가 우리나라 배를 먹고 싶어 했던 이유를 우리 모두 너무 잘 알기 때문에.

배뿐 아니라 사과, 복숭아, 감 같은 과일들도 어느 나라에서도 우리나라 과일들을 따라 올 수가 없는 데는 이유가 무엇일까?

이젠 수입 과일 '샤인머스캣'까지 농가 관계자들이 일본에 건너가 종자와 묘목을 구매해 와서 우리 포도 농가에서 인기 품종으로 많이 재배한 탓에, 작년에는(2023년) 가격이 터무니 없이 비싸진 사과보다 손이 먼저 가는 과일이 되었다. 일본 측이 해외품종 등록 기간을 놓쳐서(일본 농림성 잘못) 품종 사용료(로열티)를 받을 기회를 잃어 억울해한다는 소식에 이어 이 과일로 우리나라가 해외수출로 버는 수입이 일본을 뛰어넘는다고 알려온다. 같은 조건에서 뒤늦게 뛰어든 나라가 판매에까지 우수성을 드러내는 것은 우리나라 사람의 역량에 관한 문제임을 말하지 않아도 우리는 알기에 '알랑가 몰라'라는 우스갯소리를 해 보고 싶어진다.

알랑가 몰라?

'과수의 품종보호권은 25년만 독점이 인정된다는 것이니 최초 개발한 해가 1988년이라 2013년부터는 과수의 품종보호권은 풀린 상태'.

억울해 하지만 말고 우리나라 사람들이 어떻게 농산물과 함께하는지를 연구해 보라고 전하고 싶은 것이다.

가도 가도 밀밭만 나오는 캔자스주(State of Kansas),

드문드문 떨어져서 밭 속 한가운데 앉아 있는 듯한 커다란 집들은 우리나라의 농가와는 현저히 달랐다. 모든 것이 이미 기계화되고 대량화되어 생업으로 하는 농사가 우리처럼 힘들지 않을 뿐 아니라 풍요롭고 여유로움이 생활화된 모습들을 보인다.

1960년대 말(1968년), 서울만 조금 벗어나도 문명의 혜택은 전혀 받지 못하고 지내는 우리 농가들을 생각하면 농부의 자손도 아니고 특별히 애국자도 아닌 사람이 우리나라 농부들만 생(生)고생을 하는 것 같아 뭔가 억울한 것 같은 느낌을 받았었다.

얼마간의 시간이 흐른 뒤에 생각해 냈던 것이 기계로 대우를 받는 작물들과 주인의 손길이 닿는 작물들은 어디가 달라도 다를 거라는 것이었다. 우리 격언에 '곡식은 주인의 발소리를 듣고 자란다'고 한다. 옛 어른들은 곡식이 주인의 발소리를 알아듣는다고 생각했고, 보살펴 주는 주인의 발소리에 행복을 느껴 곡식들은 더 잘 자랄 것 같이 생각했을 것이다.

억지처럼 들릴지 몰라도 이제 와 생각하면 정말 우리 농산물들이 월등한 이유는 모두 여기에 있다는 생각이 든다.

한국 이름 '박진주(朴眞珠)'란 예쁜 이름을 가진 펄 벅(Pearl Buck) 여사!

중국에서 자라 푸른 눈의 중국인이라고 불리던 펄 벅 여사가 자신의 조국, 미국 다음으로 사랑한다는 한국을 《살아 있는 갈대(The Living Reed)》(1963년 발행)'란 소설에서 '고상한 사람들이 사는 보석 같은 나라'라고 언급한데는 그렇게 글로 표현할 만한 믿음이 있었기 때문일 것이다.

1960년 가을, 한국을 여행하면서 겨울이 되면 먹이를 구할 수가 없는 까치를 위해 감을 모두 따지 않고 일부를 남겨둔 것을 보았고, 힘든 하루 일을 끝내고 하루 종일 함께 일을 한 소의 짐을 덜어주려고 지게에 짐을 잔뜩 진 채 소와 함께 집으로 가는 농부의 아름다운 마음을 느끼며 어떤 생각을 하였을까?

아마도 시간이 훨씬 지난 뒤에 농부가 봄에 씨를 뿌릴 때 한 구덩이에 씨앗 3알씩을 넣어 놓는다던가, 밖에서 음식을 먹을 땐 '고수레'를 한다는(했다는) 이야기를 전해 들을 기회가 있었다면 이 또한 이 세상에서 보기도 찾기도 힘든 고상하고 귀한 나라에서만 있을 법한 일이라는 생각을 하게 되었을 것이다.

심은 대로 거둔다.

'As you sow, so shall you reap.'

쌀 한 톨, 과일 한 알을 어떤 마음으로 어떻게 돌보고 키우는지, 평소에 소를 포함해 새, 농작물을 파먹는 작은 미물에 이르기까지 자신의 자식과 다를 바 없이 생각하며 귀히 대했던 우리 조상들에 대해 애정과 존경을 표했던 펄 벅 여사.

우리 남한의 면적은 일본의 약 1/4, 미국의 1/98, 러시아의 1/170이라고 한다. 미국은 50개 주(State) 중에 '켄터키 주' 만한 면적을 가진 우리나라의 대략 98배 정도 넓다는 설명이다.

유엔인구기금(UNFPA)이 발표한 '2023 세계 인구 현황 보고서'에 따르면 전 세계 인구는 약 80억 명, 총 237개 국가 중 인도는 14억 2,567만 명으로 중국과 비슷하고, 일본 1억 2,329만 명, 미국이 3억 3,997만 명인데 우리나라 인구는 5천 178만 명이라고 한다.

지금 우리는 작은 나라, 적은 인구라는 제약 속에서도 펄 벅 여사가 표현한 '고상한 사람'들이 가지고 있는 정신적 토양이 끊임없는 자기계발과 혁신을 추구하는 한국인들의 DNA와 만나 세계를 감동시키고 있다. 세계를 상대로 다방면에 한류 신화를 이끌어가고 있는 우리 주인공들의 활약상, 2024년 하계 파리올림픽에서의 성과, IT 강국으로 세계 산업 전반에 영향을 미치고 있는 것 등은 어려운 환경 속에서도 펄 벅 여사가 말한 '고상함'이라는 정신적 가치 속에서 우리 민족의 끈기와 도전 정신이 이루어낸 성과들이다.

작은 보석 상자 속에 숨겨진 가능성을 하나씩 꽃피우면서 우리나라가 지닌 고유한 가치와 역량을 세계에 알리고 있는 중이라 할 수 있다.

펄 벅 여사의 안목이 뛰어났음을 증명하고 있는 '고상한 사람들이 사는 보석 같은 나라'의 주인들이어서 이 모든 것이 가능한 것으로 앞으론 무궁무진한 가능성을 펴 보이길 기대해 본다.

우리 대한민국!

역사의 시련(과거 식민지 지배)을 극복하고 빈곤 속에서도 역경을 딛고 짧은 시간 안에 놀라운 성장을 이루고 세상을 놀라게 하고 있는 강인하고 창의적인 민족, 대한민국!

● 유구한 역사와 전통을 지닌 독특한 문화유산

유네스코 세계문화유산에 등재된 한국 유산은 14건, 자연유산 2건, 기록유산 18건, 인류무형유산 23건이다(https: heritage.unesco.jor.kr).

문화유산으로 1. 석굴암과 불국사(1995) 2. 해인사 장경판전(1995) 3. 종묘(1995) 4. 창덕궁(1997) 5. 수원화성(1997) 6. 경주역사유적지구(2000) 7. 고창 화순 강화의 고인돌 유적(2000) 8. 조선왕릉(2009) 9. 하회와 양동, 역사마을(2010) 10. 남한산성(2014) 11. 백제 역사 유적지구(2015) 12. 산사 한국의 산지승원(2018) 13. 서원(2019) 14. 가야 고분군(2023)

자연유산은 1. 제주 화산섬과 용암동굴(2007) 2. 한국의 갯벌(2021)

기록유산은 1.《훈민정음 해례본》(1997) 2.《조선왕조실록》(1997) 3.《불조직지심체요절 하권》(2001) 4.《승정원일기》(2001) 5. 고려대장경판 및 제경판(2007) 6.《조선왕조의궤》(2007) 7.《동의보감》(2009) 8. 1980년 인권기록유산 5.18 광주민주화운동 기록물(2011) 9.《일성록》(2011) 10.《난중일기》(2013) 11. 새마을운동 기록물(2013) 12. KBS 특별생방송 이산가족을 찾습니다. 기록물(2015) 13. 한국 유교책판(2015) 14. 조선통신사 기록물(2017) 15. 조선 왕실 어보와 어책(2017) 16. 국채보상운동 기록물(2017) 17. 4·19 혁명 기록물(2023) 18. 동학농민운동 기록물(2023)

인류무형유산은 1. 종묘제례 및 종묘제례악(2001) 2. 판소리(2003) 3. 강릉단오제(2005) 4. 남사당놀이(2009) 5. 처용무(2009) 6. 영산제(2009) 7. 제주 칠머리당 영등굿(2009) 8. 강강술래(2009) 9. 가곡(2010) 10. 매사냥(2010) 11. 대목장(2010) 12. 한산모시짜기(2011) 13. 택견(2011) 14. 줄타기(2011) 15. 아리랑 한국민교(2012) 16. 김장(한국의 김치를 담그고 나누는 문화)(20013) 17. 농악(2014) 18. 줄다리기(2015) 19. 제주해녀문화(2016) 20. 씨름(2018) 21. 연등회(2020) 22. 한국의 탈춤(2022) 23. 장 담그기(2024)

우리나라의 유네스코 세계문화유산은 단순한 역사적인 가치뿐만 아니라 자연, 문화, 그리고 우리 민족의 정신까지 담고 있는 소중한 유산이다.

●자원이 부족한 소형 국가가 세계적인 경쟁력을 확보하고 지속 가능한 성장을 이룬 성공 모델! 대한민국!

제조업, IT 산업, 자동차산업, 조선산업 등 다양한 산업 분야에서 높은 수준의 경제성장과 발전을 이루어 2021년 기준으로 GDP 규모가 세계 10위권 국가가 되었다.

삼성, LG 등 글로벌 기업을 중심으로 대한민국은 세계적인 IT 강국으로 세계 산업 전반에 영향을 미치고 있으며, 현대자동차를 중심으로 세계적인 자동차 생산국으로 성장해 친환경 자동차 개발 등 미래 자동차 산업을 선도하고 있다.

조선산업은 Donald Trump 대통령 당선 직후 한국 대통령과의 첫 통화에서 선박 건조, 선박 수출, MRO(유지, 보수, 정비) 분야에 한국 조선업의 협력을 요청할 정도로 세계 시장을 선도하고 있다. Henry Haggard(전 주한 미국 대사관 정무공사)는 전략 국제문제 연구소(CSIS) 홈페이지에 한국 조선업의 미국 투자를 촉진하기 위해 '존스 법(미국 법률 Merchant Marine Act of 1920. 제27조 Jones Act : 미국 내에서 선박 수송시 운항되는 선박은 미국 내 소재, 또는 미국민인 소유하거나 운영하는 항구나 시설 등을 이용하여야 한다는 강제규정)'을 개정해야 한다는 주장을 펴고 있을 정도로 한국은 모든 분야에 끊임없는 연구 개발을 통해 글로벌 경쟁력을 확보하고 4차 산업혁명 시대를 이끌어가고 있다.

●다양한 문화를 꽃피워 세계인의 마음을 사로잡으며 지속 가능한 미래를 향해 나아가는 역동적인 문화 강국 대한민국!

BTS, 블랙핑크 등을 필두로 한 K-pop 아티스트들의 활약으로 문화 콘텐츠 산업에 압도적인 영향력을 행사해 전 세계적으로 열풍을 일으키며 젊은 세대의 문화를 주도하고 있다.

K-뷰티, K-웹툰, K-게임 뿐 아니라 한국 드라마와 영화는 넷플릭스 등 OTT 플랫폼을 통해 전 세계 시청자들에게 한류 열풍을 일으키고 있다.

K-pop, K-drama, K-beauty 등 K-culture가 K-food로 관심이 옮겨지고 있으며 한국 문화가 전 세계적인 트랜드를 이끌고 있다.

K-pop을 중심으로 한 한류는 단순한 문화 현상을 넘어 국가 브랜드 가치를 높이고 경제 성장을 견인하는 중요한 동력으로 작용하고 있다.

● 스포츠 강국의 위엄을 보여주는 대한민국!

2024년 7월 26일~8월 11일까지 열린 제33회 하계 파리올림픽에서

메달순위					메달리스트				
순위/국가	금	은	동	합계	순위/국가	금	은	동	합계
1 미국	40	44	42	126	11 뉴질랜드	10	7	3	20
2 중국	40	27	24	91	12 캐나다	9	7	11	27
3 일본	20	12	13	45	13 우즈베키스탄	8	2	3	13
4 호주	18	19	16	53	14 헝가리	6	7	6	19
5 프랑스	16	26	22	64	15 스페인	5	4	9	18
6 네덜란드	15	7	12	34	16 스웨덴	4	4	3	11
7 영국	14	22	29	65	17 케냐	4	2	5	11
8 대한민국	13	9	10	32	18 노르웨이	4	1	3	8
9 이탈리아	12	13	15	40	19 아일랜드	4	0	3	7
10 독일	12	13	8	33	20 브라질	3	7	10	20

206개국이 참가한 가운데 대한민국은 6위를 차지했다. 5천만 인구의 작은 나라가 80억 세계 속에서 대한민국의 저력을 알리는 계기가 되었다.

●한국 의료의 글로벌 경쟁력

미국 시사주간지 〈뉴스위크(Newsweek)〉는
'2025 세계최고전문병원(World's Best Specialized Hospital 2025)' 평가에서 암 분야에 국내병원 3곳이 10위 안에 포함되었다(2024. 9. 17)고 전한다.
선정된 우리나라 삼성서울병원(3위), 서울아산병원(5위), 서울대병원(8위)은 다양한 질환을 진료하는 종합병원임에도 불구하고 암 치료 분야에서 세계적인 경쟁력을 갖추고 있음을 의미한다(1위 미국의 MD앤더슨 암센터, 2위 메모리얼 슬로언 케터링 암센터는 암 치료만을 전문으로 하는 곳).
미국을 제외하고 단일 국가에서 10위권 안에 3곳이 포함되었다는 것은 우리나라 병원들의 진료의 질과 임상, 연구, 교육 수준이 세계 최고 수준임을 의미한다.

종합병원인 서울아산병원은 암 이외에 내분비(3위), 소화기(4위), 비뇨기(5위) 등 4개 이상의 분야에서 세계 5위권에 이름을 올렸다. 다른 나라의 경우 4개 이상의 분야에서 5위권에 오른 병원은 미국 메이요크리닉, 클리블랜드클리닉, 매사추세츠종합병원, 존스홉킨스병원과 독일 샤리테병원 등 5곳에 불과하다.
서울아산병원에서는 중증환자들에게 세계적인 수준의 의료 서비스를 제공하기 위해 진료부터 수술, 입원까지 환자가 접하는 모든 서비스에 자체 표준지침(아산 글로벌 스탠다드·AGS)을 정립해 왔으며, 이를 통해 국내뿐 아니라 해외 환자들이 서울아산병원을 찾고 있다. 지난해 서울아산병원에서 진료를 받은 외국인 환자 수는 2만 86명(Asan Medical Center Newsroom 2024. 2. 1)에 이른다.

이번 평가 결과는 한국 의료가 세계 최고 수준으로 도약했음을 보여주는 강력한 증거이며, 특히 선진국 의료 시스템과의 경쟁에서 우위를 점하며 한국 의료의 글로벌 경쟁력을 입증했다.

●인류의 공동 번영을 위해 글로벌 리더십을 발휘하고, 인류의 보편적인 가치를 실현하기 위해 노력하는 민주주의 국가 대한민국!

대한민국은 과거에 공적개발원조(ODA)를 받는 개발도상국 중 한 나라였는데, 2009년 경제협력개발기구(OECD : 37개 회원국)의 개발원조위원회(DAC)에 가입하여 ODA를 제공하는 국가로서 국제사회에 기여하고 있다. 세계 여러 개발도상국에 인프라 개발, 교육, 보건, 농업, 경제개발, 재난 대응 등 다양한 방식으로 지원하여 국제사회의 발전을 위해 도움을 주고 있는 것이다.

역시 우리 민족

　선배 부인을 따라 첫 시장 나들이를 갔을 땐, 우리나라와 똑같은 음식 재료가 있는 것이 신기했었다. 당연한 일이었는데 왜 그런 생각을 했는지 모르지만 두 번째 시장을 갔을 때는 현실적인 일들을 챙기느라 생전 처음 보는 음식물도 별 생각없이 지나쳤다. 시장 보기 전에 카운터에서 집에서 챙겨 온 유리병과 캔(can)을 정리해 계산을 해 놔야 시장값에 보탤 수 있어서 정신을 바싹 차리고 종이에 찍히는 숫자를 주시해야 했고, 챙겨 온 쿠폰이 1+1인지, 50% 할인인지 걸어가면서 물건을 찾고 비교해 보느라 바빴다(1968~1992년).

　아이들이 초등학교에 들어가면서(1975~) 각종 학교 행사나 소년단 소녀단에서 행사 비용을 보태려고 아이들이 집집마다 노크(knock)를 하고 다닐 때도 으레 현금 대신 병과 캔을 모았다 주는 것이 자연스러웠다. 슬기로운 재활용 쓰레기 처리 방법인 지도 모르고 동참했던 것이다.

　1980년대 중국은 환경보다는 경제 발전이 우선시되던 시기여서 산업화에 필요한 자원이 부족해 다른 나라에서 발생한 재활용 쓰레기를 수입해 활용했다.

미국에서 수입한 음료수 캔은 중국에서 의류용 섬유나 기계 제작용 금속으로 재가공됐고, 수입한 폐지를 제품 포장재로 만들어 다시 미국에 수출하는 등 30여 년간 수입한 쓰레기를 활용해 제조업을 발전시켰다.

재활용 쓰레기까지 수입해 경제 개발에 전념하던 중국이 급속한 산업화를 이루어 경제 성장을 이루었지만, 자국에서 자체적으로 늘어나는 쓰레기 처리에 어려움을 겪는 상황이 되었다. 동시에 자국민들 건강을 위해 환경문제에 관심을 가지면서 2018년부터 쓰레기에 오염물질과 위험물질이 섞여 환경을 심각하게 오염시킨다는 이유로 세계보건기구(WHO)에 쓰레기 수입을 규제하겠다는 방침을 통보한 뒤, 플라스틱·비닐 등의 폐기물 수입을 금지하면서 전 세계가 쓰레기 대란을 겪게 된다.

쓰레기 배출량이 세계 1위인 미국은 쓰레기를 보다 저렴하게 처리하고 자국은 깨끗하게 보존할 목적으로 개도국으로 쓰레기를 보냈을 터인데 개발도상국마저 이제 쓰레기처리 불능상태에 처하게 된 것이다.

가끔 아이들을 만나러 아이들 집에를 가면 부엌에 들어오는 것을 꺼려해서 굳이 들어가는 것도 민폐 끼치는 것이라고 생각하기로 했었는데, 중국의 쓰레기 수입 규제 이후부터 부엌을 기웃거리게 된다.

바로 눈에 들어오는 것이 채소의 껍질부터 시든 부위가 그냥 쓰레기통으로 들어가는 것이 보인다. 단독주택 경우 일반 쓰레기는 일주일에 두 번 큰 쓰레기통(같은 색, 같은 크기로 town에서 제공한 표시가 있다)에 넣어 아침 일찍 집 앞에 내놓으면 쓰레기 치우는 차가 와서 비워놓고 가고, 모아 놓은 재활용 쓰레기는 주말에 동네에서 좀 떨어진 곳에 마련된 장소에 분리해서 쓰레기별로 적혀 있는 곳에 버린다. 분리배출을 하는 것이 재활용 물품(종이, 플라스틱, 캔)과 매립 쓰레기 정도로만 나누어 배출하고, 음식물 쓰레기는 싱크대에 설치된 분쇄기로 갈아 없애는 것 이외엔 대책 없이 그냥 일반 쓰레기와 함께 버려지는 것이다.

업소뿐 아니라 일반가정에서도 일반 쓰레기 넣는 봉투에 음식물 쓰레기가 보이면 벌금을 내는 대한민국 국민이라 그런지 그곳 사람들이 일반쓰레기와 함께 음식물 쓰레기를 버리는 것을 보면서 '이래도 되는 건지 모르겠다'고 웃어 넘기려는데 딸아이가 정색을 하며 새로 발표된 매립 쓰레기를 줄이는 친환경법을 알려준다.

요즈음 들어 자주 캘리포니아에서 큰 산불이 며칠씩 엄청난 면적을 태우는 뉴스를 TV를 통해 보게 되고, 항상 적당한 온도를 유지하던 곳이 극심한 가뭄, 폭염, 폭우 등의 자연재해와 해수면 상승 문제로 해안선이 무너지고 있는 등의 기후 변화와 위기를 겪는 것을 우리나라에서도 알고 있다.

캘리포니아 자원 재활용 및 회수부(California Department of Resources Recycling and Recovery)에 따르면 각종 유기물 쓰레기를 매립하는 등 인간 활동이 만들어낸 온실가스(Greenhouse Gas)가 이같은 기후 변화와 위기를 촉진한다는 것이 과학자, 환경전문가들의 공통적 의견이라고 전한다.

기후변화의 원인이 음식물이나 종이, 정원 쓰레기 등을 퇴비화하거나 재활용하지 않고 매립하면서, 매립된 유기물 쓰레기가 부패하는 과정에서 발생하는 강한 온실가스인 메탄가스(이산화탄소보다 약 80배 더 유독한 '슈퍼 오염물질')가 기후변화 문제의 주범이라는 것이다. 따라서 매립되는 쓰레기 중 대표적 유기 물질인 음식물 쓰레기의 양을 줄임으로써 메탄가스를 줄이고 심화되는 기후 위기를 극복하자는 움직임이 일어나고 있다.

미국 내 환경친화정책을 선도하는 캘리포니아(Californis) 주는 2016년 9월에 '기후변화의 원인이 되는 배출물을 줄이기 위해 음식물 쓰레기 및 퇴비화 가능 물질(유기물)을 매립 쓰레기와 분리하여 버리는 것'과 '잉여 음식물 기부 활동을 의무화'해 궁극적으로는 환경오염의 큰 원인이 되는 매립 쓰레기를 줄이는 친환경 법인 'SB 1383'을 발표했다(CF 각 가정과 사업장들은 2022.1.1.부터 음식물 쓰레기 분리배출 의무화).

• 현재 버려지고 있지만 먹을 수 있는 음식물은 사람들이 먹을 수 있도록 반드시 수거하여 기부해야 한다.
• 나머지 유기물 쓰레기는 따로 분리하여 퇴비화해야 한다.
• 재활용 쓰레기는 매립 쓰레기와 분리해서 버려야 한다.

메탄가스와 매립 쓰레기 감축뿐 아니라 유기물을 토양으로 되돌려

보냄으로써 토양의 질을 제고하고 그를 통해 토양의 가뭄 저항력을 키우며 농작물 품질까지 향상시켜 캘리포니아(California)주, 샌프란시스코(San Francisco)시는 재활용률 80%(2019년 기준)로 세계에서 가장 재활용률이 높은 도시로 꼽히게 되었다고 한다.

덴마크는 2020년부터 9월 29일을 '음식 쓰레기의 날'로 지정하고 국민들과 정부의 협력으로 음식물 쓰레기를 줄이기 위해 노력을 하고 있다.

냉장고 파먹는 날, 잔반을 요리해 먹는 '일요일 타파스', 여름휴가 가기 전 이웃에게 식재료 나누기 등의 다양한 캠페인을 벌인다고 한다.

또한 다수 덴마크 식품 기업(Carlsberg, Danish Crown, Aria) 들이 협력해 2030년까지 음식물 쓰레기를 절반으로 줄이자는 '음식물 쓰레기와 싸우는 덴마크(Danmark Mod Madspild) 협약'에 동참했다.

싱가포르와 함께 한국은 분리수거 정책을 철저하게 시행하고 있는 국가로 평가받고 있는데, 한국을 높이 평가한 〈뉴욕타임스〉와 〈시애틀타임스〉는 한국의 음식물 쓰레기 재활용 시스템이 기후 온난화의 주범인 온실가스를 줄이는데 효과적이라고 설명한 기사들을 내놓았다.

미국 일간지 〈뉴욕타임스(NYT)〉는 "뉴욕도 한국 시스템 수년간 주목"이란 기사에서 한국에서 음식물 쓰레기 90%를 재활용하는 데 성공해 매립이나 소각에 따른 부작용을 줄이고 동물 사료, 비료, 가정 난방을 위한 연료 등으로 전환됨을 알린다.

"뉴욕은 최근 음식물 쓰레기 분리수거를 의무화하는 '제로 웨이스트(Zero Waste)' 법안을 가결했는데, 한국은 거의 20년 전부터 음식물 쓰레기 매립을 금지해왔다." "한국 시스템은 세계 각국의 연구 대상이며 중국과 덴마크 당국자는 한국을 방문해 시설을 둘러보기도 했다"고 보도하고, 〈시애틀타임스〉는 "한국이 음식 찌꺼기를 잘 사용하는 방법"이라는 제하의 기사에서 "음식물 쓰레기는 기후변화의 가장 큰 원인 중 하나"라며 "많은 도시들이 음식물 쓰레기 재활용 프로그램을 가지고 있지만, 한국처럼 국가적인 규모로 하는 경우는 거의 없다. 서방 주요 도시들은 탄소 배출을 줄이는 방법으로 한국의 시스템을 지지한다"고 밝혔다.

세계 여러 나라의 지지를 받고 있는 우리나라의 음식물 쓰레기 재활용 프로그램은 시대적 흐름에 따라 폐기물 매립·소각에서 자원 순환으로 전환, 다시 정책 변화가 있을 것으로 보인다.

2015년 음식물 잔반이 아프리카 돼지열병(ASF) 발생의 전파경로로 의심 받으면서 다량 배출사업장의 음식물 쓰레기 처리 방법이었던 잔반을 동물에게 주는 것이 금지된 데다 음식물 수거 동안의 부패와 이물질 혼입 문제 등 위생 문제로 동물단체, 일부 농민들이 사료·비료화에 반대해서 환경부에 따르면 가정에서 나오는 음식물 쓰레기는 앞으로 바이오가스로만 재활용될 예정이라고 한다.

퇴비와 비료로 재활용할 수 없다면 바이오가스라는 방법을 선택할 수밖에 없지만 이는 대표적인 님비(NIMBY : Not in My Mackyard) 시설이어서 주민들의 반대가 있을 것이다. 하지만 언제나 옳은 일을 그르치지는 않는 우리 국민이라 믿는 마음이 있다.

    UN 발표에 따르면 2019년 기준으로 전 세계에서 발생하는 음식물 쓰레기의 양은 9억 3,100만톤으로 전 세계 음식 생산량의 17%가 그대로 버려지는 셈이다. 세계식량기구(FAO)도 매년 전 세계에서 생산하는 9,400억 달러(약 1,344조 원)의 식품 중 30% 이상이 낭비된다고 추정한다
    음식물 쓰레기의 문제점은 경제적 손실뿐이 아니라 엄청난 환경문제이다.

    환경운동가 폴 호건은 자신의 저서 《플랜 드로 다운(Drawdown)》에서 온실가스를 가장 많이 줄일 수 있는 해결책 1위로 '음식물 쓰레기 줄이기'를 꼽았다.
    음식물 쓰레기를 줄이는 것만으로도 식품의 과잉 생산과 자연 파괴를 방지할 수 있음을 역설하고 있다.

    상자는 접고 작은 우유팩은 물로 헹구어서 일반폐지와 분리배출, 패트병과 캔은 내용물 비우고 최대한 압착한다.
    분리수거 기본수칙 4가지(비우기, 헹구기, 분리하기, 섞지 않기)를 지키는 것도 힘드는 데 용기는 페트, 뚜껑은 플라스틱인 콜라, 생수 페트는 분리배출 표시를 잘 보고 분리해야 한다.
    음식물 쓰레기는 동물사료로 사용 가능한지 여부에 따라 일반 쓰레기와 구분해야 한다. 1회용 티백이나 한약 찌꺼기는 음식물 쓰레기가

아니라 일반 쓰레기에 버려야 하는 것을 무심히 음식물 쓰레기봉투에 넣었다가 다시 쓰레기봉투에 손을 넣어 꺼내야할 때는 한마디 안 할 수가 없게 된다.

우리 정부의 음식물 쓰레기 정책은 배출량을 줄이는 것보다 배출된 음식물 쓰레기에 초점이 맞춰져 있어 말 잘 듣는 착한 국민들(일반 쓰레기봉투, 음식물만 버리는 봉투를 따로 구입해 사용하는 국민들) 성질을 다 버려놓는 것 같다는 생각이 든다.

배출된 음식물 쓰레기 처리보다 배출량을 줄여야 하는 정책으로 방향이 전환되어야 모든 힘든 일은 국민한테 떠맡긴다는 소리도 잠잠해질듯하다.

앞으로 음식물 쓰레기 배출을 줄이는 근본적인 대책이 여러 분야의 전문인들(산업계와 학계, 환경단체, 지역사회)에 의해 지속적으로 시대에 맞는 정책으로 시행되길 기대한다.

 우리나라에서는 재활용 쓰레기란 용어도 없었던 오십 년 전에 벌써 슬기롭게 재활용 쓰레기를 활용하는 것이 정착되었던 미국이 쓰레기 재활용 비용이 매립 비용보다 높아 대부분 쓰레기를 매립한다는 소식이다. 분리수거 대신 쓰레기 대부분을 매립한다는 것이다. 재활용에 관한 법이 존재하지 않아 분리수거는 법적 의무사항이 아니기에 음식물 쓰레기는 처리할 수 있는 쓰레기통이 따로 없어서 일반 쓰레기와 함께 폐기되고 있는 실정이어도 대책이 없다.

 미국에는 연방법과 주(州)법에 쓰레기처리 가이드 라인이 명시되어 있지만 강제성이 없고, 도시마다 다른 분리수거 정책이 시행되고 있어 전 세계 쓰레기 1위 국가가 되었던 것 같다.

 기후변화에 따른 자연재해와 위기에서 벗어나려 캘리포니아(California)주, 샌프란시스코(San Francisco) 시의 친환경 법인 'SB 1383' 실행과 200만 톤 이상의 음식물 쓰레기를 퇴비로 만드는 재활용프로그램 시행에 영향을 받은 다른 주에서도 빈 병과 캔을 반납하면 일정 금액을 돌려주는 '보틀빌(Bottle Bill)'제도를 시행하는 등 오십 년 전의 잘 정착되었던 쓰레기 정책이 다시 자리를 잡는 듯하다.

참고 2)

지구와 지구촌 식구들을 위한 작은 실천들
• 계획적인 구매 습관(필요한 만큼만 식재료 구매하기), 식재료 보존, 유통기간 관리.
• 잔반 남기지 않기, 음식물 쓰레기 재활용을 위한 철저한 분리배출.
• 휴가 가기 전 이웃에게 식재료 나누기.
• 먹을 수 있는 음식물은 사람들이 먹을 수 있도록 반드시 기부하기.
• 장거리 운송을 피해 지역적인 식재료 생산 독려차원에서 지역식품 구입하기.

- 생산자와 유통업체의 협력으로 생산량을 조정하고 품질 유지를 위한 노력으로 과잉 생산 방지.
- '유통기간'이 지나서 폐기되는 음식물이 많아 '유통기한' 대신 '소비기한'을 표시하기.

참고 3)

우리나라는 가정에서 배출되는 폐기물을 일반 생활폐기물, 음식물 쓰레기, 재활용품 및 대형폐기물로 구분한다. 구분된 폐기물은 '폐기물관리법'에 의해 소각, 매립, 해양투기 등을 통해 처리된다고 한다.

폐기물을 850도 이상 고온으로 연소 분해하는 과정에서 발생된 폐열은 회수해 인근지역에 전력 난방열로 공급한다.

매립장에서 발생되는 매립가스는 한국전력 거래소로 판매되고 있다.

재활용품은 종이류, 병류, 캔류, 플라스틱류, 고철류, 의류 등으로 나뉜다.

자원순환센터로 이동해 선별 과정을 통과해 배출된 재활용품은 압축해서 업체에 매각한다.

스티로폼은 건축자재 원료로 재생산 판매하고, 대형폐기물의 목재류는 파쇄 처리하고, 철재는 금속류로 재활용한다.

음식물 쓰레기란 음식재료 또는 음식물의 생산·유통·조리·보관·소비 등에서 발생되는 쓰레기와 남겨서 버려지는 음식물 등을 말한다.

음식물 쓰레기는 수분과 소금기 때문에 매립, 소각이 어려워 주로 사료나 퇴비로 재활용한다.

음식물 쓰레기는 물기를 꽉 짜서 수분을 제거하여 배출한다. 음식물이 아닌 이물질(비닐, 병뚜껑, 이쑤시개, 종이, 플라스틱, 호일, 유리조각)을 제거하여 배출한다.

참고 4)

우리나라의 음식물 쓰레기 처리 방법의 변천사

1992년부터 매립을 시작.

1995년경 파리 떼 창궐, 침출수, 악취 등 환경오염이 심각.

1997년 '폐기물관리법' 개정을 통해 음식물 쓰레기 직매립을 제한.

2005년부터 시 이상의 행정 구역은 음식물 쓰레기 직매립 금지 시행 및 분리배출을 실시.

2013년 음식물 쓰레기의 폐수를 해양으로 배출하는 것까지 금지.

쓰레기 처리비용은 쓰레기 배출자인 시민과 지방정부가 같이 부담(부담을 줄이려면 음식물 쓰레기 발생량을 줄이는 수 밖에 없다).

2013년부터 '음식물 쓰레기 종량제' 시행, 자신이 버린 만큼 비용을 부과하는 종량제.

2015년 : 음식물 잔반이 아프리카돼지열병(ASF) 발생의 전파경로로 의심받으면서 다량배출사업장의 음식물 쓰레기 처리 방법이었던 잔반을 동물에게 주는 것이 금지, 폐기물관리법 시행규칙이 개정되었다.

2017년부터 음식물 쓰레기의 에너지화 기반 확대를 위해 한국 실정에 적합한 바이오가스시설 설치 시범사업과 실증 R&D 등을 추진.

바이오가스화시설은 음식물류 폐기물을 미생물로 분해하는 '혐기성 소화공법' 처리 과정에서 발생하는 메탄가스를 연료로 사용하는 방법이다. 사료화 또는 퇴비화시 발생하는 음폐수를 바이오가스 시설로 반입해 처리하기 때문에 더욱 효과적인 처리방법으로 각광받고 있다.

2022년 음식물 쓰레기 감량을 위해 RFID배출시스템 지속 보급에 힘쓰고 있으며, 사료화·퇴비화는 줄이고 바이오가스화는 확대하는 정책을 추진하고 있다.

환경부는 현재 전국에 있는 110곳의 바이오가스화 생산시설을 2030년까지 150곳 이상으로 확대하기 위해 기존의 환경기초 시설들을 바이오가스화 시설로 전환한다는 계획을 갖고 있다.

1921. 음 5. 06~2014. 음 9. 13
金 (곧을)貞 (고를)均 作,
정확하게 당신 성함처럼 사시다 가시면서
培花女高 시절,
비단실 꼬아 수 놓아 만드신 수저집, 복주머니!
남겨주신 울 어머니의 작품은 나에게는
다산(茶山) 선생의 <매조도(梅鳥圖)>에 버금가는
가르침을 주시는 소중한 유물이다.

소중한 분들과의 인연

감사하는 것은 우리가 가진 것들에 대해 하늘에 감사하는 것이 아니다.
우리가 받은 모든 것에 대해 감사하는 것이다.
《Bird by Bird with Annie-Some Instructions on Writing and Life》, Anne Lamott

슈퍼 리더(Super leader)

외출하면 집에 돌아올 때까지 신발 벗을 일이 거의 없는 사회.

전에는 집에서도 침대에까지 신발을 신고 누워 있는 장면이 TV나 영화에 나오곤 했던 서구사회.

그곳에서 태어나 자라서 오십 줄에 들어선 딸아이가 우리나라 음식점 화장실에 들렀을 때 익숙치 않은 화장실 슬리퍼를 나오면서 돌려놓고 나오는 걸 보는 순간, 아이들 외할머니 모습이 오버랩(overlap)된다.

'이너 매멀 연구소(Inner Mammal Institute)' 설립자이며 《긍정의 과학》 저자 로레 타브루닝(Loretta Breuning) 박사는

"긍정적인 기대를 가지면 목표 달성을 위한 일에 힘을 더 쏟게 된다. 반면 부정적인 기대는 어디로 무엇을 향해 나아가야 할지 모르기 때문에 아무런 조치도 취하지 않는 경우가 많다. 긍정적이거나 부정적인 사고를 형성하는 신경 경로는 우리가 어렸을 때 만들어진다. 어린 시절의 경험들은 일이 잘될 것이다, 또는 안 될 것 같다 라는 기대감을 형성하며 현재 우리

삶의 동기부여에 중요한 역할을 하게 된다"라고 전한다.

전공이 교육학이고 아동심리 수업은 귀기울여 들었던 사람이 아이들 키울 땐 학교 교육에서는 별 도움을 받지 못했다는 생각이 든다. 단지 아이들 외할머니로부터 몸과 마음으로 전하셨던 자식 교육이 전해 받은 지식의 전부였던 것 같다.

로레타 브루닝 박사의 '긍정적·부정적인 사고는 어렸을 때 만들어진다'는 지적에 전적으로 동의하는 데는 이유가 있다. 어릴 때부터 자신도 모르는 사이 어머니의 가르침이 교육인지도 모르고 받아왔었지만, 자신이 자식들을 키우면서 일상생활 속에서 불쑥불쑥 어머님의 영향을 받고 있다는 생각이 들곤 했었기 때문이다.

자신의 뒤에 올 사람이 다시 사용할 슬리퍼를 신기 좋도록 돌려놓는 소소한 자질구레한 일부터 타인을 위한 근본적인 반듯한 마음가짐, 사람이나 사물·모든 현상까지 긍정적으로 생각하고 대하고 대처하시는 당신 스스로의 모습을 자식들에게 보이신 분. 그런 어머니를 뵈며 자란 내 자신을 통해 우리 집 아이들에게도 은연중에 많은 것이 전해졌을 것이다.

주말에나 시간을 내서 시장을 가야 하는 바쁜 사람들에게는 짜증스런 교통체증. 시장 앞에서 차들이 움직이지 않다가 막 신호등이 바뀌었는데 다른 차한테 먼저 가라고 신호를 보낸다. 그다음 문제는 주차 공간을 찾는 것인데 딸아이가 방금 양보해 먼저 보내줬던 차가 우리 눈앞에서 하나 남아 있던 자리에 차를 주차하는 것이 보인다.

지켜보고 있던 엄마와 딸의 대화다.

엄마는 '엄마가 딸을 너무 잘 키운 것 같은데 요즘 세상에는 살아가기 어렵게 키웠다.'

딸은 맨 뒤쪽에 차를 주차하면서 '오늘은 엄마도 따로 운동할 필요 없게 되었네.'

어릴 때부터 아이들이 누군가의 생각과 행동이 닮은 꼴이 되어가면서 서로에게 정을 느끼며 각별한 사이가 되는 듯하다는 생각이 순간적으로 든다. 외할머니를 뵙는 듯한 행동과 말의 내용이 아이들이 좋아하는 분이 누군지 알게 하는 것이다.

얼마 전, 우연히 늦은 시간에 TV 속에서 어린 손녀를 혼자 힘으로 반듯하게 잘 키우신 할머니의 말씀을 듣게 되었다.

자라면서 손녀가 조금이라도 어긋나면 주위 사람들한테서 '할머니 손에 자라서 그렇다'는 소리를 들을까 보아 너무 엄하게 키운 것이 마음에 걸리시는지 눈물을 훔치신다. 성공의 길로 접어든 15세 어린 소녀의 밝고 명랑한, 나이에 맞는 어리광스러움과 따뜻함을 할머니께 전하는 모습이 할머니의 성공적인 교육의 결과를 보는 것 같았다.

학교에서조차 학생들의 인격을 존중한다는 명목 하(下)에 인성교육에 어려움이 많은 요즘이다. 가정에서는 학교와 협조해서 자녀들을 함께 바르게 지도해야 하는 입장임에도 언젠가부터 전같지 않아졌다. 어린 사람들을 어릴 때부터 바르게 인도하려면 쓴소리로 들리는 내용 속에서도 가르침을 받아야 하고, 어려서 모르는 잘못된 행동은 어떤 것인지 알려줘야 하는 역할을 해야 할 학교와 가정이 모두 포기하고 있는 것 같은 요즘인데, 사려 깊으신 할머니께 감사한 마음이 든다. 잘 자라 어린 나이에 의젓한 사회인의 역할까지 하게 된 손녀에게도 할머니의 엄한 교육을 잘 받아들여 반듯한 사람이 된 모습이 자랑스럽고 할머니의 교육 방법이 올바른 방법이라고 세상에 알려주는 듯해 고마운 마음이 든다.

세상에는 이 댁 할머니와 똑같은 마음으로 자손들을 키우며 돌아서서 힘들어하시는 어른들이 얼마나 많을지 아마도 우리 어머님도 할머니와 같은 마음으로 엄하게 어떤 때는 모질게 대하셨으리라는 생각이 든다.

어머님 가신 지 9년(2014년)이 되었다.
뒤늦게 어머님의 성품 한 자락을 외숙모님이 전해주신다.
1921년생이신 어머님이 사시던 시절,
'김장거리를 산더미처럼 씻을 때. 도와주러 온 주변 사람들은 일도 잘하지만 부잣집 것 가져가기로도 소문나서 주인집 따님들이 앞 시암(우물)과 뒤 시암에서 지키는데, 어린 막내 따님은 '다 가져가면 안 됭께(안 되니까) 찌매씩 가져가소'라고 하셨다고 한다.
워낙 없이들 사니까 조금씩 가져가라고 하신 거라는 이야기다. 원래

262

천성이 그런 분이셨다.

천성이 그러신 분이 젊은 나이에 자식들을 키우시면서 겪으셨을 어려움을 헤쳐 나가며 보이셨던 모습만 어렴풋이 기억하는 자식들이 어머님 마음을 알면 얼마나 알겠는가?

이제와서야 자주 들어왔던 '세 살 버릇 여든 간다(三歲之習이 之于八十)'는 속담 속의 교훈을 새기시며 어릴 때부터 자식들에게 공을 들여 키우신 듯함을 뒤미쳐 깨닫게 될 때가 많다.

어머니의 수많은 걱정과 꾸지람 덕분에 이만큼이라도 사람 구실을 하며 살아갈 수 있게 키우신 자식들에게 그늘진 모습이 아닌 어머니의 밝은 모습만 기억하게 하고 가신 분이시기에 '슈퍼 리더'의 자리를 드리고 싶은 것이다.

세상을 좋은 시각으로 보는 긍정적 가치관.

사람들과 원만한 인간관계를 유지하며 주변 사람에게까지 좋은 영향을 끼치신 분.

스스로 셀프 리더(Self Leader)의 역할을 하시며 자식들을 셀프 리더로 만드시고 혼자 몸으로 가족을 이끌어 오신 슈퍼 리더(Super Leader)셨던 분이 어머니셨다고, 적어도 어머니의 자식들은 그리 생각하고 살아왔다.

'남자를 가르치면 개인을 교육하는 것이고,

여자를 가르치면 가족을 교육하는 것'이라는 아그네스 크립스 의견에 함께하는 것도 어머님을 통해 이해가 가능했다.

어머님 흐뭇하게 해드린 분

어머니 목소리가 들리는 듯하다.

'나와서 남이 하는 것, 보기라도 해라.'

그다음 이어지는

'남을 시켜도 내가 알고 시켜야 남도 제대로 시킬 수 있는 법이다'라는 어머님 말씀.

딸자식 걱정은 늘 어머니 혼자 몫이셨고
'할 때 되면 다 해요'
'지(자기) 식구 생기면 하지 말래도 잘하고들 살아요'
역성드는 후원군들은 언제나 어머니 곁에 많았다.

세월이 흘러 그 많던 후원군들 보다 어머니가 옳으셨다는 걸 알았을 때는 지(자기) 식구가 생기고 부엌살림을 책임져야 할 때가 되었는데도, 난감하게 막막한 처지가 되고 난 뒤였다.

그나마 다행스러운 건, 공부하며 혼자서 7년간 자취를 한 남편이 옆에 있었다는 것이다.

선택의 여지가 없었으니 눈치껏 열심히 남편이 하는 대로 따라했다.

결혼 뒤, 처음 친정에서 온 소포는 친구들네처럼 음식물이나 옷가지들이 아니었다. 작은 상자 속에서 쏟아져 나온 누우런 종이에는 종이마다 빼꼭히 프린트된 글과 그 옆에 보충 설명을 쓰신 어머니 글씨가 종이를 빈틈없이 메우고 있었다.

'하선정 요리학원'에서 받으신 레시피를 보내신 것이다.

딸자식의 흠이 될까 애가 타신 어머니는 뒤늦게 이렇게 A/S까지 하셨던 시절이 있었다.

손주들 출산 소식만 들으시고 막내가 초등학교 다닐 때가 되어서야 처음으로 아이들을 보러 오셨을 때가 1980년 진갑이 되셨을 때다.

살림하는 여자가 우체부 가방 같은 걸 둘러메고 동네방네 돌아다니느라 엉덩이 붙이고 앉아 있을 새도 없다고 걱정 섞인 말씀을 하시던 끝에 그래도 '아이들 세끼 밥을 챙기는 것이 신통하다'고 따님 결혼 생활 중간 점검의 말씀을 하신다. 어머니는 오나가나 먹는 걱정이시구나 하는 생각이 들면서 그런 분이 부엌살림을 아무것도 못 가르치고 시집을 보내셨으니 오죽 애를 태우셨을까 싶어 옛일들이 떠오른다.

어머니 걱정을 덜어드리고 여기까지 굶지 않고 살아오게 한 어머니께 은인 한 사람을 소개해야겠다는 장난스런 생각이 들어 기회를 보다 어머니와 둘이 있을 때 소개의 말씀을 드렸다. 가끔 그때를 생각하면 고마운 사람이 있다고, 생전 처음 먹어 보는, 어쩌면 비위에 거슬릴 수도 있었을 음식들을 날없이 함께 먹어 준 사람.

그냥 먹어 주는 것만으로도 옆 사람에게 격려가 되고, 용기를 주더라고 딸자식에게 팔불출(八不出)이란 단어를 붙여 생각하지 않으실 정도로 어머니의 백년손님을 소개해 드렸었다.

부부간에 갖춰야 할 덕목은 서로 기(氣)를 살려가며 옳은 방향으로 함께하는 것이라는 이야기를 아이들에게 할 때가 있는 것도 사연이 있었던 것이다.

엄마가 딸들 편을 들어 역성을 들어야 할 일이 있을 때, 이러지도 저러지도 못해 해주는 《탈무드》 이야기.

'유대인 엄마들이 시집보내는 딸에게 보내는 편지.'
'네가 남편을 왕처럼 섬긴다면 너는 여왕이 될 것이고, 돈이나 벌어오는 하인으로 여긴다면 너도 하녀가 될 것이다'라는 내용과 함께 엄마의 기(氣)를 살려 먹고살게 된 우리 집의 이야기가 부부간의 화목을 말할 수 있는 엄마의 지식 전부다.

나이 들어서야 음식에 대해 신경을 쓰게 된 것은 건강에 관한 관심 덕분이지만 결과적으로는 어머니 걱정을 덜어드린 일이기도 한 것 같다.

지금 어머님이 생존해 계셔서 딸자식이 음식에 시간을 쏟는 것을 보시면, 이제는 또 다른 말씀을 하셨을 것이다.

'누구에게나 자식들에게도 네 힘으로 할 수 있는 데까지만 해라. 무슨 일이든 힘에 부치면 공치사가 나오는 법이다.'

음식 만드는 사람이 좋은 마음으로 정성이 들어간 음식을 만들어야 먹는 사람에게 도움이 된다는 사전 지식을 오래전에 가르치셔서 알고 있는 사람이라 긴 설명 없이도 이해 가능한 함축된 의미의 말씀을 해 주셨을 것 같다.

'네. 어머니,
어머니만큼만 하렵니다.'

제겐 많이 힘에 부칠 겁니다. 어머니만큼만 하려면 말입니다.

과분하고 소중한 분들

뒤돌아 보니

우리네 인생이 '빨리 달려가는 흰 망아지를 문틈으로 보는 것처럼 순식간에 지나간다'는 《장자》의 백구과극(白駒過隙)이란 사자성어 그대로인 듯하다.

언제나 품 안에 있을 줄 알았던 아이들이 어느 사이 모두 중년에 깊숙이 들어서고, 부모는 회혼(回婚)을 바라보게 된 요즘은 어릴 때 엄마한테 들었던 잔소리들을 아이들이 엄마한테 되돌려주는 일들이 종종 생긴다. 항상 엄마가 '너를 위해 하는 소리다'라고 덧붙였던 말까지 '엄마를 위해 하는 소리'라고 주어(主語)만 바뀐다.

누가 부모고 자식인지 모르겠다고 투정하는 듯 말은 하면서도 늘 고맙고 미안하기만 한 자식들이다.

20대의 젊은 학생 부모는 낯선 땅에서 열심히들 살았다.

아이들 아빠는 공부하며 여섯 식구 생계까지 책임져야 했기에 열심히 살 수 밖에 없었고, 엄마는 타지에 적응하며 아이들을 키우느라 모든 면에 열심히 노력은 많이 했었다.

어릴 때는 따뜻한 밥과 따뜻한 마음으로 감싸 안아주는 것으로 족했던 아이들이 행동반경이 넓어지기 시작한 학교생활을 지켜보며 집 밖에서의 생활에 엄마 손길이 어디에 닿아야 할지 알지를 못했기에 늘 뭔가를 해야 할 것 같은 마음으로 편치가 않았던 것 같다.

아이들 아빠는 학생 때 공부하랴 일하랴 아이들과 함께할 시간이 없었던 것을 갚아주려는 듯 직장 잡은 뒤부터는 운동이란 운동은 아이들마다 앞장서서 다 챙겨주었다. 물에 겨우 뜨는 분이 수영 코치 자격을 받아 아이들 수영시합 때마다 하얀 유니폼을 입고 호루라기를 불며 등장하시는가 하면, 테니스 반에서는 단원들이 모두 시합이 있는 날은 '제발 아이들 아버지는 오지 말아 달라'는 요구를 해도 시합 도중 뒤를 돌아보면 멀리 나무 뒤에서라도 보고 계시는 분이셔서 엄마같이 아이들에게 뭔가를 못 해주었다는 마음은 없으실 것 같다.

엄마가 할 수 있었던 일은 아이들이 저학년 때는 겨우 일주일에 두 번, 반 아이들 도서 출납을 도와주거나 우리 아이들 과외활동 시간 관리와 교통편을 제공하는 것, 크리스마스, 할로윈데이 파티에 간식 준비해 주는 것 정도였었다.

외국에서 학교를 다녀본 적이 없는 엄마여서 아이들이 학교에 입학하면서부터 엄마 역할을 제대로 찾아서 해주질 못하는 것 같은 미안함이 항상 있었다.

인종차별이 아직도 구석구석에서 나타나고 있었던 시기에 사춘기들을 보내며 부모 모르는 일들을 형제들끼리 해결해 가며 무난히 보내준 것도 생각하면 고맙다는 말밖에 할 말이 없다.

어느 나라나 사춘기를 거치는 아이들의 어려움은 똑같아 그곳 친구들이 문제가 생겼을 때야 그런 일들이 학교에서 일어났었다는 것들을 알게 되곤 할 즈음, 큰아이 담임선생님(homeroom teacher)이 농담으로 하셨던 말씀이 아직도 흐뭇한 기억으로 남아있다.

'우리 집 아이 좀 너희 집에 데려가 지내도록 해주면 안 되겠니?'

학년이 올라갈수록 학교 수업과 운동, 과외활동, 봉사활동까지 대학을 목표로 갖춰야 할 분야가 넓어지고 도움이 필요한 일들이 늘어나는 것이 눈에 띄게 보이는데 큰아이는 학교 상담교사와 차근차근 처리해 나갔다. 혼자 힘으로 대학을 간 뒤엔 차례로 동생들의 상담자가 되어 부모 역할까지 착실히 해주었다.

대학과 대학원들을 자신들의 힘으로 나와 각자 자리를 잡은 뒤엔 부모를 챙길 때마다 엄마는 자식과 부모의 위치가 바뀐 것 같아 또 마음이 불편하다.

몇 년 전, 엄마의 책 출판을 축하하는 아들의 축사 중에 이런 내용이 있었다.

"To me, a person's greatness is not defined by the personal
achievements they accomplish, but in their self-less actions for
others, My mother has always been there for her family, particularly
her children. in her actions and advice she gives, but more
importantly, in the values she has taught each of us over the year.
She is personal inspiration to me, in her quiet strength and
determined resiliency, but most importantly, in her love for her
family.

(저는, 한 사람의 위대함은 다른 사람을 위한 이타적인 행동에 있는 것이지 그들이
이룬 개인적인 성취에 의해 정의된다고 생각하지 않습니다. 저희 어머니는 항상 가
족, 특히 자식들을 위해 계셨고, 이것은 어머니의 모범적인 행동과 충고, 그리고 가
장 중요한 것은 어머니께서 저희에게 수년 간 가르치신 가치 속에 있습니다.)"

자식들한테 해준 것도 없는데 부모라는 이유로 너희들한테 부담을
주는 것 같아 마음이 편치 않다는 말을 오랜만에 집에 다니러 온 아들
에게 한 적이 있다.

엄마가 너희들에게 해준 것이라고는 어릴 때부터 따뜻한 밥 해 먹인
일밖에 없는 것 같다고 하는 엄마에게 아들은 《효경(孝經)》 속의 공자님
말씀을 읽은 적도 없을 텐데 마치 옛날 서당에서 훈장님이 하실만한 이
야기를 한다.

생각해 보니 오래전 아들이 한 말이 그날 한 말로 연결이 되는 듯하다.

아이들이 어릴 때 잔소리를 잔뜩 하고 난 뒤에 미안해서 하는 엄마의 말, 이쁜 짓을 해서 칭찬을 해야 했을 때 한다는 엄마 말은 항상 '엄마 아빠가 더 좋은 사람과 만날 수는 있었겠지만 아이들은 너희들 같은 애들은 못 만났을 꺼라'는 말이 고작이었다. 그때 아들은 엉뚱하게 '엄마 아빠가 만나지 않았더라면 우린 이 세상에 존재하지도 못했을 것'이라고 샛길로 빠지는 소리를 해서 웃었던 일이 있었다.

어릴 때 불쑥 했던 말과 출판기념일 축사까지 동원을 해 아들의 마음을 읽어보면,

생명을 주시고 올바른 가치관을 갖도록 가르쳐 바르게 살도록 키워주셨으면 부모로서 할 일은 충분히 한 것이라는 가르침을 아들한테서 받은 기분이 든다.

엄마는 또 그런 생각들을 할 수 있을 만큼 성숙해진 자식들이 대견하고 고맙고 미안하기만 하다.

얼마 전, 큰언니와 오빠와 한 달가량 함께 지내다 집에 돌아와 고마웠다는 문자를 가족단체톡방에 올렸다. 본인들이 아닌 동생이 먼저 답글을 올렸다. 짓궂은 표정을 지으며 '엄만 뭘 그래, 그냥 갚을 때가 되어 갚는

엄마 · 아빠 때문에
Jean · Sunny 고생
많았다.
바쁘게들 사는데
신경쓰게 해서 미안했고
많이 고마웠어.

오전 11:49

미미

Hey-it's only payback
time!

오전 11:54

중인데~ 헤헤' 하는 소리가 옆에서 들리는 듯하다.

돌아가며 아이들한테서 매번 같은 소리를 들을 때마다 혼자 생각하게 된다.

부모한테서 크게 바랄 것이 없는 자식들에게 알려주고 싶은 것은 진정한 효(孝)란 이런 마음씀이라는 것을.

살아오면서 좋은 인연으로 서로 안부를 묻고 지내는 지인들을 돌아보면 모두 나에게는 과분한 분들이다. 세상이 바뀌었는데도 최소한의 예의는 지켜야 마음이 편한 분들, 마음씀도 넉넉한 분들이다.

가까이서 자주 만나는 지인들, 몇 년씩 만나지 못해 얼굴도 가물거리는 kakao 친구들, facebook 친구들이 많지는 않아도 유유상종(類類相從)인 듯 항상 반갑고 감사한 마음으로 많은 것을 공유하며 배우고 지낸다.

늘 건강과 편안함이 소중한 분들께 함께하기를 바라는 마음이다.

USA Book News가 뽑은 '2006 미국 최고의 책'
브루스 립튼(Bruce H. Lipton, PhD) 박사의
《당신의 주인은 DNA가 아니다(The biology of belief)》에서
'인간의 몸과 마음을 지배하는 것은 유전자가 아니다.'

DNA,
당신의 운명을 결정하지 않을 수도 있다

후성유전학을 통해 과학자들은 유전자 결정론에 의문을 제기하며
생명현상은 타고난 유전자와 환경에 따라 다양하게 발현될 수 있다고
전한다.
유전자는 스스로 발현되지 않으며 환경 속의 그 무엇인가가
유전자의 활동을 촉발해야 한다. 어떤 환경에서, 무얼 먹느냐,
어떤 습관을 지니느냐에 따라 유전자의 발현이 달라진다는 것이다.

음식물의 바른 섭취(균형된 음식 섭취)
규칙적인 생활과 운동(적절한 운동)
스트레스 해소(숙면)를 통한 심리적 안정.

'건강은 타고나는 게 아니라 꾸준히 관리하여 만들어진다!'

DNA, 당신의 운명을 결정하지 않을 수도 있다

오랜만에 방문한 막내딸네 집 아침 시간은 말 그대로 시끌벅적하다.

집 안이 조용해지고 차 한 잔을 가져와 옆에 앉는 딸아이에게 조심스럽게 말을 꺼내려는데 익살스런 표정을 지으며 자기 입으로 손을 가져간다. 엄마 잔소리가 뭐가 나올 지 벌써 알고 있어 막아보려는 것이다.

아침엔 가능하면 '싫은 소린 하지 말자', '목소리 낮춰도 다 알아 듣는다'는 말이 엄마 단골 잔소리다. 조금씩 목소리를 올리다가는 엄마 목소리는 원래 큰 목소리라고 식구들이 생각하게 된다고 언젠가도 그랬었다.

그땐 '엄마도 남자애들 키워보라고' 하는 소리에 '너의 오빠는 남자가 아니었니?' '하긴 여형제들 등쌀에 말썽은커녕 말도 없었던 것 같다'고 웃었던 기억이 난다.

엄마도 지금이니 이런 소릴 하지 한참 너희들 어릴 땐 어떻게 너희들에게 했는지 모른다는 생각이 드는 데 기어코 딸아이가 한마디하는데 놀랐다.

자기가 어릴 때 뭘 잘못했는지 모르겠는데 엄마가 하루 종일 말을 안 해서 얼마나 불안했는지 모른다고, 그 기억 때문에 자기는 아이들한테 그때그때 야단치고 큰소리치는 것이 아이들 키우는 데는 훨씬 나은 방법이라고 생각한다는 것이다.

어릴 때 일을 지금까지 속에 담고 있었다니, 무슨 일이었는지는 몰라도 '네가 그리 생각했다면 잘못해도 한참 엄마가 잘못한 일이었다'고 뒤늦게 사과를 했다.

시간이 좀 지난 뒤, 바로 위 언니한테 묻는다. 엄마가 정말 그런 일이 있었느냐고?

엄마와 많은 면이 닮은 언니는 자기가 아는 엄마는 자기들이 잘못한 일로 그럴 엄마는 아니라고 확신에 찬 어투로 마무리를 해준다. 어떻든 엄마의 안 좋은 성질은 화가 나거나 마음에 안 들면 입을 닫아버리는 것을 온 식구가 모두 아는 일이다.

아들이 대학 가기 전 '상대가 무엇을 잘못했다는 것을 바로 지적해서 알려줘야지 다음에 같은 일로 엄마가 화를 낼 일을 안 하게 될 것이라고' 엄마에게 진지하게 일러주던 본인도 화가 나면 입을 다문다.

엄마 자식들이라 엄마 유전자를 물려 받았을 아이들은 얼마 전부터 신경 써서 건강검진을 받고 있다. 오랜 세월을 함께하고 있는 지인들은 엄마가 서구식 음식을 즐기지도 않고 생활 습관에 크게 문제가 없었는데 큰 병을 얻었던 것은 '스트레스' 때문이었다고 입을 모은다.

집안 아이들도 모두 같은 생각이라고 하는데, 어떻든 엄마로 인해 번

거로운 일을 넘겨준 듯해 아이들에게 무슨 도움이라도 되었으면 해서 여러 정보를 찾아보게 되었다.

첫눈에 들어오는 것이 '유전자도 바뀌게 할 수 있다'는 것이다.

유전자의 발현을 조절하는데 중요한 역할을 하는 에피지놈(epigenome)의 변화를 통해 유전자 활성을 조절할 수 있다는 연구(에피지놈을 연구하는 학문이 후성유전학)는 "유전자 결정론에 의문을 제기하며 생명현상은 타고난 유전자와 환경에 따라 다양하게 발현될 수 있다."고 전한다.
(국제 학술지 〈네니처 지네틱스〉에 발표, 김영준 연세대 교수)

어떤 환경에서, 무얼 먹느냐, 어떤 습관을 지니느냐에 따라 (식습관·운동 등 생활습관) '유전자 발현'이 달라진다는 것이다.
에피지놈의 변화에 따라 영향을 미칠 수 있다는 것이지 아직은 변화시킬 수 있다고 단언할 단계는 아닌 듯하다.

그러나
USA Book News가 뽑은 '2006 미국 최고의 책'
브루스 립튼(Bruce H. Lipton, PhD) 박사의 《당신의 주인은 DNA가 아니다 (The biology of belief)》에서 '인간의 몸과 마음을 지배하는 것은 유전자가 아니다'라고 한다.

인간의 운명을 바꾸는 것은 유전자가 아니라 '믿음'과 '환경'이다.

우리가 생각을 바꾸어 사고의 과정을 재훈련하기만 하면 몸도 바꿀 수 있다.

신호 전달의 과학에 따르면 세포의 활동은 유전 정보를 통해서가 아니라 주변 환경과의 상호작용을 통해 결정되며, 후성유전학을 통해 과학자들은 영양공급, 스트레스, 감정 등 환경적 영향이 유전자를 변화시킬 수 있다는 것을 발견했다고 한다.

유전자는 스스로 발현되지 않으며, 환경 속의 그 무엇인가가 유전자의 활동을 촉발해야 한다는 것이다.

DNA가 생명체를 지배한다는 생각은 최근 과학적 연구에 의해 입지가 흔들리고 있는 것은 확실한 것 같다.

예의범절을 중시하는 가부장적 사회에서 어릴 때부터 조용하고 점잖은 행동을 강요 받았던 우리나라 사람들은 옳고 그른 것을 따지기 전에 분란의 소지가 있을 만한 말들을 하지 않도록 가르침을 받아왔다.

미국 정신의학회에서 1995년부터 '화병(Hwa byung)'을 한국인에게 많은 신경질환이라고 등재했다가 삭제한 일이 있었다고 한다. 특히 X세대 이전의 우리나라 중년 여성들에게서 많이 볼수 있었던 화병이 스트레스의 대표적인 병이라는 것을 알게 된 것은 얼마 되지 않는다.

젊었을 땐 무지했던 면도 있지만 사회 분위기가 그렇게 건강에 신경을 쓰지 않았던 탓이었는지 이십 년이 넘는 기간 동안 아이들 출산 때를 제외하고는 치과 이외에 자신을 위해 병원을 찾은 적이 없다.

귀국하고 몇 년 안 되어 후배 병원을 찾았을 때 '형수님, 날 잡아 수다 떠는 날을 만들어 보세요. 부인들 수다 떠는 것을 우습게 보심 안됩니다. 그리고 또 한 가지 충고가 '집에 손님 부르실 땐, 미리 다 준비해 놓지 말고 저녁 식사가 늦더라도 오시는 분들과 같이 만들어 잡숫도록 하라'는 것이었다. 불면증으로 약을 처방받으러 와서 받은 처방이 무엇을 의미하는지 그때 알았어야 했다.

불면증으로 시작되어 두통, 소화장애, 고혈압으로 순서대로 진행되고 있었던 것이 나중에 알게 된 '스트레스가 강하게 오래 지속되면 스트레스를 이겨 낼 힘이 약화되어 정신질환뿐만 아니라 신체적인 질환으로도 발전할 수 있다'는 데까지 간 것이다.

갱년기에 들어서면서 들어온 대가족 제도 속에서 식구들과 친지들과의 대인관계, 새로운 직장생활, 업무 스트레스와 동료 간의 인간관계, 일주일이 꽉찬 직장, 시골, 서울을 오르내려야 했던 과중한 스케줄, 거기다 내성적이고 완벽주의에 가까운 개인 특성까지 병을 불러올 조건은 다 갖췄던 것이다.

우리나라 옛말에 "무병단명(無病短命), 골골팔십"이라는 말이 있고, 중국에는 "무병단명(無病短命), 일병장수(一病長壽)"라는 속담이 있다.

우리나라 평균수명이 50~60세 이하이던 시절, 골골대며 잔병치레를 많이 하는 사람은 건강에 신경 쓰기 때문에 80세까지 장수한다는 의미의 말이었다.

중국에서 건강한 사람은 빨리 죽을 수 있고, 병으로 고생하는 허약 체질의 사람은 의외로 오래 산다는 이야기는 건강을 과신하여 주의하지 않는 사람과 항상 병약하여 건강에 유의하는 사람의 생활태도를 비교한 것으로 건강관리를 꾸준히 잘해야 오래 산다는 뜻으로 해석할 수 있다.

건강이 좋지 않은 분들은 병원에 자주 다니다 보니 자신의 몸 건강 상태를 잘 관찰하게 되어 큰 병으로 진행되기 전에 예방할 수 있어 몸은 약하지만 꾸준히 관리하여 건강하게 오래 살 수 있다는 것이다.

건강은 타고나는 게 아니라 만들어진다는 뜻이다.

엄마가 자식들에게 번거롭고 못할 짓을 한 것 같아 여전히 미안스럽지만, 돌려 생각하면 건강검진을 정기적으로 신경 쓰게 된 것부터 건강식, 운동, 스트레스 등에 관해 자주 가족 대화방과 가족 ZOOM 시간에 이야기를 나누는 것도 바람직한 건강관리의 한몫을 하는 것으로 위안을 삼게 되었다.

각자 자신의 건강을 위해 올바른 건강 습관을 갖추도록 노력하고, 내 몸이 하는 이야기(몸이 보내는 신호)를 제때 알아듣고 꾸준히 건강관리를 해야 함을 알게 된 것도 감사한 일이다.

Dr. Aladdin H. Shadyab(캘리포니아 주립대학교)

'유전적으로 장수(長壽)할 가능성이 낮은 사람도 규칙적으로 운동하고 앉아 있는 시간을 줄이면 수명을 늘릴 수 있다(유전인자보다 신체 활동량이 중요).'

m.whosaeng.com.2022.8.29. 〈厚生新報〉

에필로그

"삶이란 행복과 불행, 기쁨과 슬픔, 행운과 고난의 연속 드라마"라고
하더니 공평하게도 남들과 똑같이 밀물과 썰물이 오고 가는 것을 맞고
떠나보내는 드라마의 주인공 노릇을 톡톡히 하며 지냈나 싶다.

어느 사이 마무리를 할 때가 되어 가고 있는데 아무리 재미없는 드라
마라 하더라도 빨리 끝나길 바라고 만은 있을 수 없는지 까마득히 잊고
지냈던 안소니 로빈스(Anthony Robbins)를 찾는다.

《무한능력》에 성이 차지 않아 《네 안에 잠든 거인을 깨워라》까지 쏟
아내는데도 남의 일로만 여겼던 사람이 다 늦게 그를 찾게 된 것은 주인
공 역할을 한 드라마가 끝난 뒤, '어떤 사람으로 기억되고 싶은가?'라는
질문에 답이 필요했기 때문이다.

평생을 비누 역할만 하느라 실제로 몸과 마음이 작아져 머지않아 흔
적도 없이 사라질 처지이긴 하지만 여지껏 수없이 하얀 거품을 품어내
며 나름 터득한 것들이 있으면 가능한 것부터 공을 들여 보자는 마음

을 가져본다.

졸졸 흘러내리는 맑은 시냇물을 만나도 무심히 바라만 보더니, 이제라도 내 역할의 막이 내릴 때까지 조금씩이라도 움직여 누군가에게는 썩지 않는 맑은 물로 기억되기로 마음먹었나보다.

부록

(2020년~2025년 음식 사진)

2020

288

2020.10.2 D

2020.10.3 D

2020

2020.10.4 D

2020.10.5 D

2020.10.6 L

2020.10.8 L

2020.10.9 L

2020.10.12 B

2020.10.12 L

2020.10.14 D

2020.10.15 B

2020.10.15 D

2020.10.17 D

2020.10.18 L

2020.10.19 L

2020.10.20 L

2020.10.22 L

2020.10.22 D

2020.10.26 B

2020.10.26 L

2020.10.26 D

2020.10.27 L

2020.10.27 D

2020

2021

2021

2021

2021

2021.9.29 D

2021.10.1 D

2021.10.2 D

2021.10.3 D

2021.10.4 B

2021.10.4 D

2021.10.5 D

2021.10.7 B

2021.10.7 D

2021.10.9 D

2021.10.10 D

2021.10.11 D

2021.10.12 B

2022

2022

2023.3.5. D

2023.4.12 日

2023

2023

2023.6.1 D

2023.8.4 D

2023

2023

2023.11.19 B

356

2024

2024

2024

2024

368

2024

2024

2024

2025

2025

2025

380

감사의 말

《우리 집 밥상 혁명》이 한 권의 책으로 나오기까지 아이들 아버지의 공이 크다. 오랜 기간 식사 때마다 하루 세끼 밥상 사진을 멀리 있는 자식들과 공유하고, 사진들이 그냥 흐지부지 사라지는 것을 막아보자는 발상에서 이 책이 시작되었다.

코로나19가 시작되던 2020년부터 2025년 현재까지 매일 하루 3장씩, 1년에 적어도 천 장(1,095장)씩 5천 장이 넘는 사진을 손수 찍어 날짜와 식사 때를 기록해 놓으셨으니 자식들 입장에선 간직하자는 말이 나올 수밖에 없었을 것이다.

큰딸 Jean이 책의 부제(副題)로
〈Musings on Food and Life by a Jet-Setting 80-year Old Grandmother〉를 써 보내오고, 셋째 Mimi는 아빠가 찍은 사진을 정리해 Dropbox에 보내왔다. 오빠 Sunny와 막내 Eliza는 엄마의 용기를 부추기는 역할을 맡아 드디어 가족 책(사진첩)이 나온 것이다.

가족 모두가 참여해 만든 책이어서 엄마는 함께한 우리식구 모두에게 감사의 마음이 크다.

이 책이 나오기까지, 세심하고 정확한 통찰력으로 힘을 주신 민성화님과 함께 응원해주신 강준희 교장님께 진심을 다해 감사드린다.

끝으로, 출판계의 특정한 규칙과 형식에 익숙하지 않은 저자를 위해 많은 어려움에도, 한마음으로 이끌어주신 심정희 편집자님과 다차원북스 가족분들께도 감사의 인사를 드린다.

새우와 고래가 함께 숨 쉬는 바다

우리 집 밥상 혁명
Musings on Food and Life
by a Jet-Setting 80-Year Old Grandmother

지은이 | 이유경
펴낸이 | 황인원
펴낸곳 | 다차원북스

신고번호 | 제2017-000220호

초판 인쇄 | 2025년 05월 01일
초판 발행 | 2025년 05월 08일

우편번호 | 04037
주소 | 서울특별시 마포구 양화로 59, 601호(서교동)
전화 | (02)322-3333(代)
팩시밀리 | (02)333-5678
E-mail | dachawon@daum.net

ISBN 979-11-88996-42-1 (03590)

값·28,000원

Publishing Club Dachawon(多次元)
창해·다차원북스·나마스테